创 意 服 装 设 计 系 列

李 正 丛书主编

U0389578

创意
服装

汉服设计及制版

岳满 李慧慧 叶青 编著

化学工业出版社

·北京·

内容简介

本书立足于服装设计专业发展的新思路和实际教学需求，全面系统地讲解了汉服的设计及制版技术。首先，本书从汉服的历史渊源和文化内涵入手，阐述了汉服的定义及发展脉络。其次，本书详细介绍了汉服的设计原理，包括汉服与人体的关系、美学法则、设计要素等方面，同时从汉服效果图着手，深入浅出地讲解了其绘制技法。此外，本书还详细介绍了汉服各款式的制版方法、制版过程中需要注意的问题和技巧以及如何使用服装 CAD 进行制版。最后，本书以不同时期的代表性汉服款式为案例，进行针对性的讲解并融入创新设计。

本书内容丰富新颖，结构严谨清晰，理论结合实践，技术准确、科学，是一本集理论与实践于一体的综合性图书。本书可作为服装院校相关专业的教材，亦可供服装设计、技术、工艺和产品开发人士及广大汉服爱好者阅读参考。

图书在版编目（CIP）数据

汉服设计及制版 / 岳满，李慧慧，叶青编著．

北京：化学工业出版社，2024．10．--（创意服装设计系列 / 李正主编）．-- ISBN 978-7-122-46174-2

Ⅰ．TS941.742.811

中国国家版本馆 CIP 数据核字第 2024ZK5821 号

责任编辑：徐　娟　　　　　　文字编辑：张　龙　　　　　　版式设计：中图智业
责任校对：刘　一　　　　　　　　　　　　　　　　　　　　封面设计：刘丽华

出版发行：化学工业出版社（北京市东城区青年湖南街 13 号　邮政编码 100011）
印　　装：北京瑞禾彩色印刷有限公司
787mm×1092mm　1/16　印张 11¾　字数 253 千字　2025 年 1 月北京第 1 版第 1 次印刷

购书咨询：010-64518888　　　　　　　　售后服务：010-64518899
网　　址：http://www.cip.com.cn
凡购买本书，如有缺损质量问题，本社销售中心负责调换。

定　　价：78.00 元

服装的意义

"衣、食、住、行"是人类赖以生存的基础，仅从这个方面来讲，我们就可以看出服装的作用和服装的意义不仅表现在精神方面，其在物质方面的表现更是一种客观存在。

服装是基于人类生活的需要应运而生的产物。服装现象因受自然环境及社会环境要素的影响，其所具有的功能及需要的情况也各有不同。一般来说，服装是指穿着在人体身上的衣物及服饰品，从专业的角度来讲，服装真正的涵义是指衣物及服饰品与穿用者本身之间所共同融汇综合而成的一种仪态或外观效果。所以服装的美与穿着者本身的体型、肤色、年龄、气质、个性、职业及服饰品的特性等是有着密切联系的。

服装是人类文化的表现，服装是一种文化。世界上不同的民族，由于其地理环境、风俗习惯、政治制度、审美观念、宗教信仰、历史原因等的不同，各有风格和特点，表现出多元的文化现象。服装文化也是人类文化宝库中一项重要组成内容。

随着时代的发展和市场的激烈竞争，以及服装流行趋势的迅速变化，国内外服装设计人员为了适应形势，在极力研究和追求时装化的同时，还选用新材料，倡导流行色，设计新款式，采用新工艺等，使服装不断推陈出新，更加新颖别致，以满足人们美化生活之需要。这说明无论是服装生产者还是服装消费者，都在践行服装既是生活实用品，又是生活美的装饰品。

服装还是人们文化生活中的艺术品。随着人们物质生活水平的不断提高，人们的文化生活也日益活跃。在文化活动领域内是不能缺少服装的，通过服装创造出的各种艺术形象可以增强文化活动的光彩。比如在戏剧、话剧、音乐、舞蹈、杂技、曲艺等文艺演出活动中，演员们都应该穿着特别设计的服装来表演，这样能够加强艺术表演者的形象美，以增强艺术表演的感染力，提高观众的欣赏乐趣。如果文化活动没有优美的服装作陪衬，就会减弱艺术形象的魅力而使人感到无味。

服装生产不仅要有一定的物质条件，还要有一定的精神条件。例如服装的造型设计、结构制图和工艺制作方法，以及国内外服装流行趋势和市场动态变化，包括人们的消费心理等，这些都需要认真研究。因此，我们要真正地理解服装的价值：服装既是物质文明与精神文明的结晶，也是一个国家或地区物质文明和精神文明发展的反映和象征。

本人对于服装、服装设计以及服装学科教学一直都有诸多的思考，为了更好地提升服装学科的教学品质，我们苏州大学艺术学院一直与各兄弟院校和服装专业机构有着学术上的沟通，在此感谢化学工业出版社的鼎力支持，同时也要感谢苏州大学艺术学院领导的大力支持。本系列书的目录与核心观点内容主要由本人撰写或修正。

　　本系列书共有 7 本，作者 25 位，他们大多是我国高校服装设计专业的教师，有着丰富的高校教学和出版经验，他们分别是杨妍、余巧玲、王小萌、李潇鹏、吴艳、王胜伟、刘婷婷、岳满、涂雨潇、胡晓、李璐如、叶青、李慧慧、卫来、莫洁诗、翟嘉艺、卞泽天、蒋晓敏、周珣、孙路苹、夏如玥、曲艺彬、陈佳欣、宋柳叶、王伊千。

李正

2024 年 3 月

前　言

汉服，作为中华民族传统服饰的瑰宝，承载着深厚的文化底蕴和历史记忆。自古以来，汉服以其独特的美学魅力和文化内涵，成为中华民族文化身份的重要象征。然而，随着时代的变迁和外来文化的冲击，汉服在现代社会中的普及与传承面临着诸多挑战。因此，对汉服进行系统的研究学习和创新设计，成为推动汉服文化传承与发展的重要途径。

本书旨在通过深入研究汉服的历史文化、美学内涵、绘制技法、款式结构、服装 CAD 及案例分析等方面，探索汉服设计与制版技术。本书在撰写过程中，注重理论与实践相结合，力求使内容既具有学术性又具有实用性。希望通过深入浅出的讲解和丰富的实例展示，让读者深入理解汉服的文化内涵和审美特点，掌握汉服设计的基本原理、制版技巧以及创新思路，从而能够在现代社会的语境下，以创新和发展的眼光重新审视、解读汉服，推动汉服文化的传承与发展。

本书由岳满、李慧慧、叶青编著，李正教授负责全书统稿与修正。在编著过程中，我们参考了大量的历史文献以及专业资料，引用了一些论点和实例材料，在此致以诚挚的谢意。在编著过程中还得到了杨妍、胡晓、赵俊凯、邱立智、莫洁诗等同仁的大力支持，在此特别表示感谢。最后，我们衷心希望本书能够为推动汉服文化传承与发展做出积极贡献。

为了高质量地完成本书，我们先后数次召开编写会议，不断讨论与修改。但由于编著时间比较仓促，加之水平所限，不足之处在所难免，请有关专家、学者提出宝贵意见，以便修改。

编著者

2024 年 3 月

目　录

第四章　汉服结构设计与制版 / 067

第五章　汉服 CAD 制版及排料 / 131

第六章　汉服设计案例展示 / 159

第一章
汉服概述

衣食住行是人类生活最为基本的四大要素。"衣"排在首位，足见服饰在社会发展中的重要性。服饰作为社会文化的"晴雨表"，与传统文化融合度极高，是穿在身上的文明，写在身上的历史。

汉服作为服饰中的一个分支，与传统文化有着不可分割的联系。对于汉服的名称，普遍存在两种定义：一种定义是对整个汉民族服饰的统称；另一种定义是特指汉朝的服饰。前者强调其民族属性，即汉民族在近五千年的历史中，通过自然演化而形成的、区别于其他民族的传统服装体系，它具有一定的连续性；后者特指汉朝这段历史时期的代表性服饰。《汉书》有："后数来朝贺，乐汉衣服制度。"这里的"汉"即指汉朝，这个"汉"具有单一性，强调该时期多民族服饰的共融。

本书中所讲汉服，为汉民族传统服饰。汉服反映了汉族的文化信仰，是华夏文化的重要组成部分。汉文明的核心是礼仪文化，而礼仪文化植根于服制，正如孔子所著《易·系辞传》曰："黄帝、尧、舜垂衣裳而天下治"。

第一节　汉服基础知识

汉服是以《诗经》《书经》《周礼》《礼记》《易经》《春秋》《大唐开元礼》和其他经史子集为基础继承下来的礼仪文化，是从黄帝即位（约公元前 2698 年）至明末（公元 17 世纪中叶）的四千多年中，以华夏礼仪文化为中心，通过历代汉人王朝推崇周礼、象天法地而形成千年不变的礼仪衣冠体系。汉服不仅体现着鲜明的民族特征，也带有浓烈的自然伦理、信仰和历史等文化内涵，衣裳制、衣裤制、深衣制和通裁制各类形制的演变历程，完全是一部"穿在身上的史书"，记录着中国文明变迁、扩大和发展的步伐。

汉文明是世界上四大文明发源地唯一从未中断过历史的一个古老文明，它的发展史经历了多种社会形态和盛衰演变，汉文明以其博大精深、源远流长，彰显了汉服饰文化的丰富多彩（图 1-1）。文学家季羡林教授曾言："文化一旦产生，立即向外扩散，这就是'文化交流'。人类走到今天，之所以能随时进步，重要原因之一就是文化交流。"服饰文明更是如此，随着文化的交流与扩大，汉民族服饰不仅吸收了其他民族服饰的元素，也影响了东亚各个国家的服饰发展。

图 1-1　唐代女性服饰

一、汉服的概念

汉服作为中国传统文化的重要组成部分，具有重要的文化意义和社会价值。在一定程度上，汉服是华夏文化、礼仪之邦、锦绣中华的体现。它代表了汉族人民在历史长河中的文化传承和创新精神，也体现了汉族人民对美好生活的追求和向往。

（一）"汉服"概念的厘清

中国历代传统服装，常被称为古服、华服、中华衣冠。而在古代，对服装的称谓往往按照统一族群文化来命名，加上后缀"服""衣"来表示服装，如胡服、楚服、吴衣、唐衣、汉家衣冠等。

目前学界尚未形成统一的"汉服"概念。袁仄教授认为汉服应该定义为"大中华的服饰概念，是华夏民族的服饰传统"。周星教授对汉服概念进行了三层归纳："一是指中国历史上汉朝的服装；二是指华夏、汉人或汉民族的'民族服装'；三是把'汉服'视为汉族的服装，但同时又认为只有它才是能够代表中国的'华服'或中国人的'民族服装'。"还有部分专家学者以明清易代分割线为依据，将汉服明确区分为传统汉服和现代汉服。现代汉服是指自辛亥革命以来，在继承传统汉服的基础上，体现华夏（汉）民族传统服装风格、民族文化特征、民族情感以及民族认同，并明显与其他民族服饰相区别的、为现代人服务的民族服饰文化体系。这一概念是目前学界较为认可的，体现了服饰多样性、历史传承性和文化相容性的统一。简言之，文化体系与服饰体系是汉服最本质的要义。

在广泛搜集与细致考据的古籍文献中，可以确凿无疑地证实，"汉服"这一术语确有其历史记载与渊源。如《汉书》："后数来朝贺，乐汉衣服制度。"《马王堆三号墓遣册》："简四四'美人四人，其二人楚服，二人汉服'。"《蛮书》："裳人，本汉人也。部落在铁桥北，不知迁徙年月。初袭汉服，后稍参诸戎风俗，迄今但朝霞缠头，其余无异。"《新唐书》："汉裳蛮，本汉人部种，在铁桥。惟以朝霞缠头，余尚同汉服。"《辽史》："辽国自太宗入晋之后，皇帝与南班汉官用汉服；太后与北班契丹臣僚用国服，其汉服即五代、晋之遗制也。"除了上述古籍中的直接记载外，还有一些古籍虽然未直接使用"汉服"一词，但通过对古代服饰的详细描述，可以间接推断出汉服的存在和特征。例如，《礼记》《周礼》等古籍中记载了古代汉族的服饰制度和礼仪，这些制度和礼仪所规定的服饰，可以视为汉服的重要组成部分。

综上所述，历史上确实出现过"汉服"的称谓，它和近几年频繁使用的"汉服"一词有共同点也有区别：共同之处在于，两者似乎都强调"汉民族主体"，即通过服装的不同来区分"国与国""族与族"之间的不同；不同点在于，历史上的"汉服"被当时社会纳入了"礼治"的范畴，是礼仪的一种表现形式，并且历代均有《舆服志》来制定当朝的衣冠服制，而今日的"汉服"并未纳入国家礼仪范畴，更多的是一种断代之后的群众自发性服饰流行。但无论如何，"汉服"的重提，再次让人们思量传统服饰之于一个国家、一个民族的重要性。

（二）服饰体系中的汉服

从服饰体系的构成来看，汉服包含四大品类，从上至下依次为首服、主服、足服及配饰。每个品类的汉服又有各自具体的形制。

1. 首服

首服也称"头衣"，泛指汉服中裹首之物，包括冠、巾、帽等（图 1-2）。首服在中国古代文化中具有重要的地位，不仅具有实用性（如御寒、便利），还具有很强的装饰性和象征意义。

2. 主服

主服在汉服中占有最重要的地位，也是我们传统意义上理解的狭义的服装，其品类主

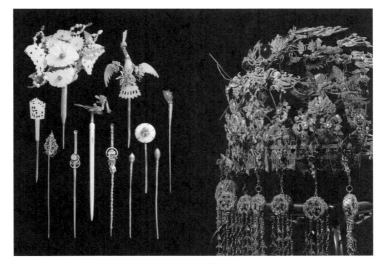

图 1-2　首服

要包括：上衣下裳（裙）、深衣（衣裳连属制最为典型的服装样式）、玄端、褙子等。上衣有长衣、短衣之分，下裳又有裤、裙的区别。主服品类及形制虽然繁杂，但始终固守六大原则：平面剪裁、上衣下裳、宽袍广袖、交领右衽、绳带系结、衣缘镶边，其中交领右衽是汉服最明显的标志。

3. 足服

足服即穿着于足上的装束，也可称"足衣"（古代服饰名）。先秦时足服泛指鞋袜。自汉代始，足服又有内外之分。足之内衣为袜，足之外衣为鞋（图1-3）。

4. 配饰

除主体服装（上衣、裤子、裙子、鞋）外，为烘托出更好的表现效果而增加的配饰，其材质多样，种类繁杂。服装配饰逐渐地演变成为服装表现形式的一种延伸，已成为美的体现的不可或缺的一部分。

图1-3 足服

二、汉服的起源与发展

汉族由古代华夏族和其他民族长期混居交融发展而成，是中华民族大家庭中的主要成员。汉族在几千年的历史发展过程中形成的优秀服饰文化是汉族集体智慧的结晶，是时代发展和历史选择的结果。汉族服饰在不断的发展演变中逐渐形成了以上层社会为代表的宫廷服饰和以平民百姓为代表的民间服饰，二者之间相互借鉴吸收，相较于宫廷服饰的等级规章和制度约束，民间服饰的技艺表现和艺术形式相对自由灵活，成为彰显汉族民间百姓智慧的重要载体。伴随着汉族的历史发展，汉族民间服饰最终形成以"上衣下裳制"和"衣裳连属制"为代表的基本服装形制，并包含首服、足服、配饰等体系。

"黄帝、尧、舜垂衣裳而天下治，盖取诸乾坤。"从《易·系辞下》中这句话我们不难看出古人天人合一、阴阳交济的思想：乾为天，为阳，为玄；坤为地，为阴，为黄。象征乾坤的衣裳经人穿着后天下即风调雨顺、人民安居乐业。《史记》中也有记载：华夏衣裳为黄帝所制。"黄帝之前，未有衣裳屋宇。及黄帝造屋宇，制衣服，营殡葬，万民故免存亡之难。"早在五千年前，华夏先民就产生了原始的农业和纺织业，开始用织成的麻布来做衣服。后来又发明了饲蚕和丝纺，使人们告别了以树叶、蔓草为衣的初级装束，开始进入日臻完备的衣冠时代。

夏商以后，冠服制度初步建立。周代后期，由于政治、经济、思想文化都发生了急剧的变化，冠服制被纳入了"礼治"的范围，成了礼仪的表现形式，从此中国的衣冠服制更加详备。《礼记·春官》中有："司服掌王之吉凶衣服，辨其名物，与其用事"，记载了不同仪式应穿不同服饰，并根据仪典的性质、季节等决定纹饰、色彩、质料的选用。深衣和上衣下裳是这个时期主要的两种服饰形制，它们对后世的服饰产生了极大影响，虽然历代裁制方式有别，但其形制延续数千年，可谓意义深远。

衣冠服饰经历了秦代不守旧制、不守周礼，到东汉重新定服制、尊重礼教的很重要的转变过程。"六王毕，四海一"，秦始皇嬴政把战国时期的各种制度加以统一，"兼收六国车旗服御"，创立了大一统的秦朝衣冠制度。陕西出土的兵马俑充分展示了秦时气势恢宏的袍服与戎装（图1-4）。

图1-4　秦始皇陵兵马俑

经济繁荣、政权稳固的大汉王朝，其华丽的衣饰充分显示了儒家思想及冠服制度在政治上的统治作用。而汉承秦制，把袍服亦作为国家礼服，长沙马王堆汉墓出土的诸多实物为此提供了最有力的佐证：衣襟缠绕的深衣、飞腾婉转的如意云纹、织造精美的丝绸面料等，展示了辉煌的大汉服饰文化风采。

魏晋时期是南北民族大融合时期，这一时期胡汉服饰交汇融合。与此同时，来自西域佛教及本土玄学的产生，亦启发着人的觉醒，人们开始抛却对外在浮华的追逐，转向追求内在的才情、性貌、品格、风神，生活方式不拘礼教。体现在服饰上，文人儒士追求精神、格调、风貌，有意仿古，宽衣博带成为这个时期的主要风格。在竹林七贤的画像砖中，我们能看到当时著名的七君子——山涛、阮籍、嵇康、向秀、刘伶、阮咸、王戎梳着随意的角髻，袒胸露怀，一副蔑视礼法、豪放不羁、玄远高逸的形象。

唐代是中国封建社会政治、经济、文化高度发达的时期，同时也把传统服饰推向了鼎盛阶段。唐初的服装主要继承隋代风格，瘦衣窄袖、色彩沉稳。到了中唐以后，色彩开始趋向鲜艳大胆，一些饱和度很高的颜色，如翠绿、玫瑰红、宝蓝、石榴红等开始运用于衣饰中，与此同时，外来纹饰盛行，如忍冬纹、串花纹、宝相花等（图1-5）。唐朝对待异族文化，采取兼收并蓄的策略，大唐文化与外来文化的交融，造就了雍容大度、百美竞呈的大唐服饰，从无数出土的唐俑、壁画中，我们看到了性感的唐代女子衣衫，看到了变化甚多的发式、妆容，难怪诗人白居易写道："时世妆，时世妆，出自城中传四方。时世流行无远近，腮不施朱面无粉。乌膏注唇唇似泥，双眉画作八字低……"

图 1-5　唐代女子服饰

　　与唐太宗"自古皆贵中华，贱夷狄，朕独爱之如一"的观念不同，宋代开国即轻视北方的契丹、女真、党项等少数民族，在服饰制度上，也恢复了汉族旧有传统，三令五申禁止百姓穿着胡人服饰。受当时程朱理学的影响，服装一反唐朝浓艳鲜丽之色，追求质朴、淡雅的风格，服饰样式也趋于拘谨、保守，形成了独特的宋代"理性之美"。从著名的《清明上河图》中我们能看到宋时市镇的繁荣。画中五百多人，衣着不同，充分展示了北宋时期市井百姓的服饰：有梳髻的、戴幞头的、裹巾子的、顶席帽的、穿襕袍的、披褙子的、着短衫的等形形色色，不一而足。

　　明代废弃了元代的服饰制度，上采周汉，下取唐宋，恢复了汉族礼仪，并对服饰进行了一系列调整，确立了明代服饰的基本风貌。"先王衣冠礼义之教混为夷狄，上下之间，波颓风靡"，对官员百姓服饰的态度从"士庶咸辫发椎髻，深檐胡帽，衣服则为裤褶窄袖及辫线腰褶；妇女衣窄袖短衣，下服裙裳，无复中国衣冠之旧。甚者易其姓氏为胡名，习胡语。俗化既久，恬不知怪"，到"不得服两截胡衣，其辫发椎髻、胡服、胡语、胡姓，一切禁止"，这种服式的制定，用朱元璋自己的话来说，可谓"斟酌损益，皆断自圣心"。洪武二十六年（1393 年），对服饰制度做了一次较大规模的调整，以后数百年内冠服制未曾有变，并且明代服装形制在此后的戏曲剧装、民间婚俗中得以继承。

第二节　汉服体系特征

　　历史上的汉民族传统服饰体系，是一个贯通民族过去、现在和未来的有机体系，也就是形制共时性和体系历时性两个维度。形制共时性是指各单品款式有着相对固定的形制、风格、含义，各应用场合有相对稳定的礼服、常服、戎装等，在文化意义上有着相同的源流，可以通过搭配、互补形成一套完整的、独立的、系统的服饰文化系统，是一个可以单独存在的服饰系统。体系历时性是指在历史发展中，汉服虽然在历史进程中有自我创新变型及借鉴吸收外来元素等一系列的复杂演变过程，但是服饰体系一直是相对完整地存在于汉族民众生活中，这种共生关系除了历史文化内涵的传承延续外，各种款式之间也有着密切联系与历史演化，包括官服、礼服和百姓的日常着装，而且每个朝代之间的服饰之间仍存在关联性和一体性。因此，这一体系可以归纳为四个词：等级严谨、结构分明、传承有序、大象无形。

一、等级严谨

汉服制度的等级严谨性，深深植根于中国古代社会的礼仪和等级制度之中。这种严谨性不仅体现在服饰的款式、颜色、材质等方面，更在于通过服饰来严格区分社会成员的身份和地位。

汉服制度对各级官员和平民的服饰有着明确的规定。官员的服饰通常更为复杂和华丽，如冕服、朝服等，其设计和制作都充满了庄重与威严。平民的服饰则相对简单朴素，体现了其身份的低微。这种服饰的差异，使得人们一眼便能区分出穿着者的身份和地位。此外，材质的选用也是汉服制度等级严谨性的体现。在古代社会，丝绸、锦缎等高档材质多为贵族官员所使用，而麻布、棉布等则多为平民百姓所选用。这种材质的区分，不仅体现了穿着者的经济地位，更在深层次上反映了社会的等级结构。汉服制度还通过配饰、纹样等细节来体现其等级严谨性。例如，官员的服饰上通常会有各种象征身份的图案和配饰，如龙、凤、牡丹等，而平民的服饰则没有过多的装饰。

汉服制度的等级严谨性体现在多个方面，这种严谨性不仅是对古代社会等级制度的反映，更是对华夏民族服饰文化的传承和发扬。在今天，我们依然可以从汉服中感受到这种等级严谨性所带来的庄重与威严，体会到古代社会的礼仪与文化。如周代的冕服制度是古代华夏衣冠制度中的重要组成部分之一。它不仅仅是一套服饰，更是一套严谨的礼仪规范，体现了周代的等级制度和礼仪文化。冕服是周代统治者最为重视的礼服，其设计和制作都极为讲究。冕服主要由冕冠、上衣、下裳、腰间束带和足登舄屦等部分组成。其中，冕冠是最为重要的部分，其造型独特，顶部覆盖木板，前部呈圆弧形，后部为方正形，寓意"天圆地方"。冕冠上镶有金蝉纹样的饰物，垂有五彩丝线和玉珠，彰显了佩戴者的尊贵地位。其上衣和下裳的设计也充满了深意。上衣一般为长袖或短袖，下裳为长裙，颜色和图案都经过精心挑选。上衣的袖子必须宽大，以示尊贵；下裳以红色为主，上面绣有各种图案，以彰显官员的地位和功绩。腰间束带用来固定冕冠和上衣，其材质和装饰也体现了佩戴者的等级。

在周代，冕服的颜色、款式、装饰等都有着严格的规定。《周礼》中详细规定了天子及诸侯、卿大夫等在不同祭祀场合所穿的冕服种类，如衮冕、鷩冕、毳冕、絺冕、玄冕"六冕"，每种冕服都有其特定的使用场合和穿戴者。此外，冕服上的纹饰也极为讲究，不仅具有装饰作用，还隐喻了穿戴者的品德和操守。十二种纹样，如日、月、星辰、山、龙、华虫等，每一种都代表了不同的含义，共同构成了冕服上的"十二服章"（图1-6）。

冕服制度的实施，不仅体现在服饰的穿戴上，还贯穿于各种礼仪活动中。在祭祀、朝会等重要场合，冕服成为展现统治者权威和尊贵身份的重要象征。同时，冕服制度也促进了当时社会的礼仪规范和文化传承。冕服不仅具有装饰作用，更是统治者权威和尊贵身份的象征，也是当时社会礼仪规范和文化传承的重要载体。

二、结构分明

汉服在历史上包含了民俗服饰地域多样性、历史悠久性的特征，是一系列服装款式和装束的集合，并且有着较为固定的搭配方式，即各种款式、形态按照一定的规律组成，直观上可以被人一眼辨认出来，在特定场合中作为一种民族服饰的符号。它不是只有一件衣服，更不是只有一类款

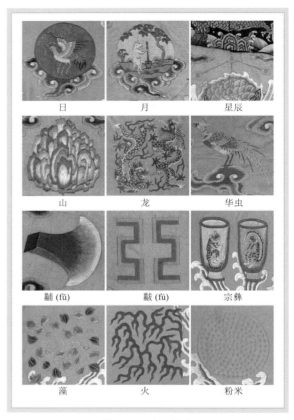

图1-6 十二服章

式，而是有着多种组合：衣裳制、衣裤制、深衣制、通裁制等共同组成了汉服体系。

如商周时期出现的"上衣下裳"与"衣裳连属"，确立了汉族服饰发展的两种基本形制。以上衣下裳制为例，常见的上衣品类有襦、袄、褂、衫、比甲、褙子，下裳有高襦裙、百褶裙、马面裙、筒裙等，除裙子外常见的下裳还有胫衣、犊鼻裈、缚裤等裤子。襦裙是民间穿着上衣下裳的典型代表，是中国古代妇女最主要的服饰形制之一。襦为普通人常穿的上衣，通常用棉布制作，不用丝绸锦缎，长至腰间，又称"腰襦"。按薄厚可分为两种：一种为单衣，在夏天穿着，称为"禅襦"；另一种加衬里的襦，称为"夹襦"，其中另外絮有棉絮，在冬天穿着的则称为"复襦"。妇女上身穿襦，下身多穿长裙，统称为襦裙。汉代上襦领型有交领、直领之分，衣长至腰，下裙上窄下宽，裙长及地，裙腰用绢条拼接，腰部系带固定下裙。秦汉时期的襦为交领右衽，袖子很长，司马迁就有"长袖善舞，多钱善贾"的描述。魏晋时期上襦为交领，衣身短小，下裙宽松，腰间用束带系扎，长裙外着，腰线很高，已接近隋唐样式。隋唐时期女性穿小袖短襦，下穿紧身长裙，裙腰束至腋下，用腰带系扎。唐朝的襦形式多为对襟，衣身短小，袖口总体上由紧窄向宽肥发展，领口变化丰富，其中袒领大袖衫流行一时。到宋代受到程朱理学思想的影响，襦变窄变长，袖子为小袖，并且直领较多，后世的袄即由襦发展而来。明代时上衣下裙的

长短、装饰变化多样，衣衫渐大，裙褶渐多。

除裙子外，裤子也是下裳的常见类型之一。裤子的发展历史是一个由无裆变为有裆，由内穿演变为外穿的过程。早期裤子作为内衣穿着，赵武灵王胡服骑射改下裳而着裤，但裤子仅限于军中穿着，在普通百姓中尚未得到普及。汉代时裤子裆部不缝合，只有两只裤管套在胫部，称为"胫衣"。"犊鼻裤"由胫衣发展而来，与胫衣的区别之处在于两条裤管并非单独的个体，中间以裆部相连，套穿在裳或裙内部作为内衣穿着。汉朝歌舞伎常穿着舞女大袖衣，下穿打褶裙，内着阔边大口裤。魏晋南北朝时存在一种裤褶，名为缚裤，男女均可穿着。宋代时裤子外穿已经十分常见，但大多为劳动人民穿着，女性着裤既可内穿，亦可外穿露于裙外，裤子外穿的女子多为身份较为低微的劳动人民。

汉族民间衣裳连属制的服装品类包括曲裾深衣、直裾深衣、袍、直裰、褙子、长衫等，属于长衣类。深衣是最早的衣裳连属的形制之一，西汉以前以曲裾深衣为主，东汉时演变为直裾深衣；魏晋南北朝时在衣服的下摆位置加入上宽下尖形如三角的丝织物，并层层相叠，走起路来飞舞摇曳；隋唐以后，襦裙取代深衣成为女性日常穿着的主要服饰。

袍为上下通裁衣裳连属的代表性服装，贯穿汉族民间服饰发展的始终，是汉族民间服饰的代表性形制之一。秦代男装以袍为贵，领口低袒，露出里衣，多为大袖，袖口缩小，衣袖宽大。魏晋南北朝时，袍服演变为褒衣博带，宽衣大袖的款式。唐朝时圆领袍衫成为当时男子穿着的主要服饰，圆领右衽，领袖襟有缘边，前后襟下缘接横栏以示下裳之意。宋朝时的袍衫有宽袖广身和窄袖紧身两种形式，襕衫也属于袍衫的范围。襕衫为圆领大袖，下施横襕以示下裳，腰间有襞积。明代民间流行曳撒、褶子衣、贴里、直裰、直身、道袍等袍服款式。清代袍服圆领、大襟右衽、窄袖或马蹄袖、无收腰、上下通裁、系扣、两开衩或四开衩、直摆或圆摆。民国时期男子长袍为立领或高立领、右衽、窄袖、无收腰、上下通裁、系扣、两侧开衩、直摆；民国女子穿的袍为旗袍，形制特征为小立领或立领、右衽或双襟、上下通裁、系扣、两侧开衩、直摆或圆摆，其中腰部变化丰富，20世纪20年代为无收腰，后逐渐发展成有收腰偏合体的造型。

除上衣下裳和衣裳连属的服装外，汉族民间服饰还包括足服、荷包等配饰。足服是足部服饰的统称，包括舄、履、屦、屐、靴、鞋等。远古时期已经出现了如皮制鞋、草编鞋、木屐等足服的雏形，商周时期随着服饰礼仪的确立，足服制度也逐渐完备，主要以舄、履为主，穿着舄、履时颜色要与下裳同色，以示尊卑有别的古法之礼。舄为帝王臣僚参加祭祀典礼时的足服，搭配冕服穿着；屦根据草、麻、皮、葛、丝等原材料的不同而区分，如草屦多为穷苦人穿着，丝屦多为贵族穿着。以后历代足服的款式越来越多样，鞋头的装饰日趋丰富，从质地分，履有皮履、丝履、麻履、锦履等；从造型上看，履有笏头履、凤头履、鸠头履、分梢履、重台履、高齿履等。各个朝代也有自己代表性的足服，如隋唐时期流行的乌皮六合靴，宋元以后崇尚缠足之风的三寸金莲，近代在西方思潮的影响下，放足运动日趋盛行，三寸金莲日渐淡出历史舞台，天足鞋开始盛行等。各个朝代丰富的足服文化构成中国汉族服饰完整的足衣体系。

三、传承有序

民族服装的变迁过程也是连续的，每一种服装都处于人类服饰史的变迁过程中。汉服体系的一体性不仅是汉文明历史文化内涵的传承延续，更是各种款式之间密切联系与历史演化。如广为流传的襦裙是衣裳的延伸，直裾深衣与曲裾深衣关联性强，襕衫可以认为是对深衣的追忆，马面裙则源自旋裙等，数不胜数。

这种系统的逻辑也与汉字体系颇为相似，汉字体系尽管从古到今也发生了巨大的变化，包含原生文字、甲骨文、篆书、隶书、楷书、行书等一系列形态，直到今天仍然分为正体字和简体字两种字库，而且每个汉字都有自己的演变历程，但仍然被世人看作是一个完整的、独立的、原生文字系统。整个体系始终完整独立，在历史中又不断创新与融合，从而形成了一个庞大的文字体系，博大精深，源远流长。今天的人们会用楷书、宋体等不同字体样式来形容汉字，也可以在不同场合选择楷书或者行书。而不是用"秦朝的字体""宋朝的字体"来形容字体，更不会只认定楷书属于现代汉字，而隶书属于古代文字，这体现了汉字系统虽然经历了几千年朝代更替的风风雨雨，其样式纷杂、演变显著，但却是世代相承。

这种演变的逻辑也与汉服体系的演变同构，体现了汉服在历史上并非封闭的、固定的、保守的，是在不断吸收外来文化、吸纳异族服饰文化而不断拓宽自身的体系边界。汉服款式的传承与变化，不仅体现了华夏民族在服饰文化方面的智慧和创造力，也反映了不同历史时期的社会风貌、审美观念以及文化变迁。

秦汉时期，汉服款式相对庄重肃穆。这一时期，社会等级制度森严，礼仪规范严格，因此汉服的设计也体现了对等级和礼仪的尊重。同时，秦汉时期的思想相对保守，这也影响了汉服的款式，使其呈现出一种内敛、庄重的美感。到了唐代，汉服款式发生了显著的变化，唐代社会开放包容，经济繁荣，文化艺术也达到了前所未有的高度。这种社会氛围使得汉服款式变得更加宽松、飘逸，色彩也更加鲜艳。同时，唐代女性的地位有所提高，她们在服饰上的选择也更加自由多样，这进一步推动了汉服款式的创新。宋代时期，由于"程朱理学"的影响，社会风气转向内敛、严谨，汉服的款式也随之变得更加简约、含蓄。宋代男子多穿直身对襟衫，女子则穿窄袖短衣和长裙，整体风格朴素大方，体现了当时社会的审美观念。明清时期，随着封建制度的加强和满族的入关统治，汉服款式又发生了新的变化。明朝时期，汉服在继承前代的基础上，更加注重细节和工艺，体现了当时社会对于服饰的精致追求。清朝时期，由于满族文化的融入，汉服款式出现了满汉融合的特点，如旗袍、马褂等款式的出现，既保留了汉族服饰的特色，又融入了满族服饰的元素。

汉服的演变在保存汉服体系的基础上进行，而非被取代。例如唐宋期间流行的圆领袍，始终与交领右衽上衣并行存在。之后，外穿圆领袍与内穿交领衣也是常见的搭配，最后演变为天子着装，成为唐宋明《舆服志》的组成部分。这种自然的演变与发展，铸就了汉服体系传承的坚韧性，体现了汉服文化的不息生命力。

四、大象无形

服饰体系本质是对各种款式和款式文化的归纳与提炼。因为汉族服饰的历史与发展脉络是整个社会与民族文化发展的一种表象，它同样有着循序渐进的过程，并在不同区域与历史发展进程中，形成了独特的艺术风貌和内涵。这种抽象的结果，并不是通过服饰史、款式罗列的描述可以直接感觉到，而是在立足民族服饰发展史的基础上，通过梳理、提炼共性而得出的。

纵观整个服饰发展史，体系是动态的结果，而非静态的描述。尽管体系是全局、连续性的整体，但呈现出来时往往是局部的特征，总是在某一个时间节点上表现出一个微观特征。人们熟悉的考古文物、服饰史，表现出来的形象就是这个节点上的实时动态，但汉民族服饰体系实际上需要的是一个连续不断、积淀愈来愈深厚的服饰文化体系，各款式特征、各朝代典型风格，都是属于同一个体系的不同表现形式而已。

正是因为民族服饰有形制历时性和体系共时性的特征，所以在每一个时间节点，都有"当时之服"与"古人之服"的区别，而且"古人之服"不应当被今人所穿着。历史文献中的记载数不胜数，如宋代邵伯温《邵氏闻见录》："康节曰：'某为今人，当服今时之衣。'"宋元时代马端临《文献通考》："虽康节大贤，亦有今人不敢服古衣之说。"宋朝蔡肇《故宋礼部员外郎米海岳先生墓志铭》："冠服用唐人规制，所至人聚观之。"唐朝的"当代"就是宋朝的"古代"，而宋朝的"当代"则是明朝的"古代"，这种古今之别，也体现了汉服体系的年轮印痕。

正所谓"大象无形"，体系定位是在更高的范畴，是对服饰整体的概括，用来反映民族服饰的共性。而对于某一种款式的形制、源流和演化，是在局部、次级、细节的地位来审视，绝不能形成取代或等于整体的印象。这也正如一棵大树，它不仅可以在空间上分为根、茎、枝、叶、花、果不同部分，在时间上也有着种子、幼芽、树苗、树木、参天大树的生命历程。这一历程虽然不能在某一时刻直接被看见，但是不能否认一棵参天大树的形成必须有着这些时代的印痕，更不能用种子、幼芽、树苗来取代参天大树的概念。汉服体系的作用在于维系服饰体系的整体性，在保持同一性的前提下，不断推陈出新，形成标志性的民族文化认同符号。也正是因为有了服饰体系，所以能够在外来文化的碰撞中，可以自觉地应对、吸收和消化外来服饰文化，维系自己整体风格不变，避免整体结构被取代。

如果从更高的角度看，汉服体系不仅是衣服和配饰本身，还有着一整套对应的礼仪规范，包括服饰的搭配规则、应用场景等，并且与汉文明的内涵高度一致。而服饰与礼仪体系的上一层，涉及的是汉文化体系和汉民族哲学思想体系，在思想体系的指导下，不断地创新发展。只有明确服饰、礼仪、文明、思想体系的整体一致性后，才可以真正地实现现代汉民族服饰文化体系的综合化、立体式重构。

第三节 汉服价值谱系

传统汉族服饰在历史发展中形成了丰富多彩的服饰形制，这些服饰形制是时代发展和历史选择的结果，不仅具有靓丽耀眼的外在形式，更具有璀璨深刻的精神内涵，是汉民族集体智慧的结晶。构建汉族服饰的价值谱系，不是仅仅保留一种形式，更是保留汉族社会发展过程中的历史面貌，守护汉族服饰中蕴含的精神文化内涵，具有弘扬中华民族优秀传统服饰文化的理论价值、促进传统文化产业开发的应用价值以及彰显古代劳动人民精神智慧的人文价值。

一、汉服的理论价值

汉服作为中国优秀传统服饰文化的重要内容之一，在展现劳动人民集体智慧的同时彰显时代发展的印记，是所处时代社会、历史、文化、技艺等综合因素的集中体现，是社会发展的物化载体。汉服的理论价值中承载了古代社会的服饰文化、审美观念、宗教信仰、等级制度等方面的内容。

汉服中所蕴含的历史文化价值深邃且丰富，汉服不仅仅是一件衣服，更是一种文化的载体、历史的见证、理论的展现。自黄帝"垂衣裳而天下治"，汉服的历史源远流长，它贯穿了华夏民族的整个发展历程，从古代的祭祀、朝会、婚礼等重大场合，到日常的起居生活，汉服的身影无处不在。汉服的款式、色彩、纹理等，都反映了古代社会的审美观念、宗教信仰、等级制度等信息，为我们研究古代社会提供了宝贵的实物资料。穿着汉服，不仅是对传统文化的尊重和传承，更是对民族精神的一种展现和弘扬。通过穿着汉服，我们可以更好地理解和感受华夏民族的历史和文化，增强民族认同感和自豪感。此外，汉服所蕴含的礼仪、道德、审美等观念，对于现代社会依然具有重要的指导意义。在快节奏的现代生活中，我们可以从汉服中汲取灵感，注重内心的修养和精神的提升，追求和谐、平衡的生活方式。

在审美价值方面，汉服作为中华民族传统服饰的典范，构成了中国传统美学不可或缺的一部分。汉服美学首先体现在其别具一格的设计风格与款式构造，彰显了宽博宏大的气度与舒适自然的理念，更深层次地追求着人与自然和谐共生的哲学境界。汉服在色彩运用上也极为丰富，且色彩搭配遵循五行相生相克的原则，不仅体现了古代先民对自然规律的深刻敬畏与顺应，也通过色彩的精妙组合，构建出一种令人心驰神往的自然和谐之美。此外，装饰图案也是其审美价值的重要体现，其工艺中无论是细腻的针脚，还是生动的图案，都展现了古代汉族人民的智慧和匠心独运。

此外，汉服中所蕴含的等级制度也为我们理解古代文化、政治、社会伦理提供了独特的视角。在古代社会，等级制度是保证社会秩序和稳定的重要基石，通过服饰的等级规定，可以清晰地划分社会各个阶层，减少社会冲突和矛盾，维护社会的和谐稳定。通过研究和了解汉服中的等级制度，我们可以更好地理解和传承传统文化。虽然现代社会已经摒弃了严格的等级制度，但汉服中的等级制度依然可以为我们提供有益的启示。例如，我们可以从中汲取尊重他人、注重礼仪、维护社会秩序等积极元素，为现代社会的和谐发展提供借鉴。

二、汉服的应用价值

随着中国经济的强势崛起，中国传统服饰文化受到前所未有的关注，中国风在全球时装界愈演愈烈，市场意义深远。汉服中有大量值得借鉴的艺术形式，如装饰手法、搭配方式、色彩处理等。汉服元素的创意开发，需要与时俱进地结合当下的审美观念和市场需求，在融合与创新中推陈出新，避免简单粗暴的元素复制，生产符合当下社会需求的文化产品，在推动民族服饰品牌发展的同时，促进人文精神的传承和文化产业的发展。

基于对传统文化的热爱和追求，越来越多的年轻人开始在日常生活中穿着汉服。无论是逛街、约会还是参加各类聚会，汉服都成为他们展示个性和品位的独特选择。这种应用不仅让汉服文化更加贴近现代生活，也让更多人有机会亲身感受传统文化的魅力。在各大旅游景点，穿着汉服游览的游客屡见不鲜，成为景区内一道亮丽的风景线。同时，在各类传统节日和庆典活动中，汉服更是成为不可或缺的元素。汉服文化的推广还带动了文化旅游、演艺等相关产业的发展，为地方经济注入了新的活力。人们穿着汉服参与活动，不仅营造了浓厚的节日氛围，也加深了对传统文化的认识和体验。

近年来，汉服在文化创意产业中的应用取得了显著成效。众多设计师将汉服元素与现代设计理念相结合，创作出了独具特色的服饰产品。从汉服的设计、制作到销售、推广，涉及纺织、刺绣、营销等多个领域，形成了一个完整的产业链。这条产业链不仅创造了大量的就业机会，也推动了相关产业的发展和创新。

汉服在教育领域同样发挥着重要作用。越来越多的学校开始将汉服文化纳入课程体系，通过开设相关课程、举办汉服文化讲座等形式，让学生了解和学习汉服文化，这不仅有助于培养学生的文化自信和民族自豪感，也为传统文化的传承和发展注入了新的活力。

当前，汉服文化的复兴体现了现代人对于传统文化的重视和传承。在当今社会，随着全球化的加速和西方文化的冲击，保护和传承本土文化显得尤为重要。汉服文化的复兴不仅是对传统文化的继承和发扬，更是对民族文化自信的一种体现。通过推广汉服文化，可以让更多的人了解和认识中华传统文化，增强民族自豪感和归属感。在未来的发展中，我们应该继续弘扬汉服文化，让它在现代社会中焕发新的光彩，为增强文化自信和提升中国形象做出更大的贡献。

第二章
汉服设计基础

汉服设计是指设计师对于汉服中各个元素的组合关系，包括汉服的整体与局部的组合关系，汉服色彩与图案的组合关系，汉服的结构线以及各层服饰材料之间的组合关系的精准衡量与精确把握。在汉服设计中，我们首先需要了解汉服设计基础知识，掌握汉服设计的基本法则和要素。

第一节　汉服设计与人体

人是服装设计的核心，同样，汉服设计也需要依赖人体穿着和展示来完成。研究人体与服饰的关系问题，无法回避人类对自身的认识，这种认识无论是生理上的还是心理上的，都极为重要。穿着于身体上的服饰所表现出来的着装形态，其实是人们自我意识、精神追求的显现。人们内在的追求和渴望也驱动着人们选择不同的服饰进行穿着搭配，并于身体上展现不同的着装形态。不同性别、体型、审美层次、心理需求、自我认知程度的人们，在选择服饰设计时的考量也大不相同。

从人体的整体造型上看，由于长宽比例上的差异，形成了男女各自的体型特点。男性通常体型较大，肩膀宽厚，胸部肌肉发达，四肢较长且肌肉线条分明；女性则相对娇小，肩膀低垂，胸部曲线柔和，腰部纤细，臀部较宽，四肢较短且肌肉线条柔和。这些差异使得男女在整体造型上呈现出不同的特点。男性通常给人一种力量感和稳重感，女性则给人一种柔美感和曲线美。当然，这些差异并不是绝对的，每个人的身体特征都会受到遗传、生活习惯等多种因素的影响。

一、男性人体与汉服设计

男性形体通常具有较大的体型和骨架（图2-1）。他们的肩膀宽阔而厚实，这不仅是力量感的象征，也为身体其他部分提供了稳定的支撑。此外，男性胸部通常肌肉发达，胸肌明显，这种结构使得男性上半身显得尤为壮硕。男性的四肢特征明显，手臂和腿部通常较长，肌肉线条清晰，这种结构使得男性在行动时能够展现出强烈的动感和力量，特别是腿部，男性的大腿肌肉发达，小腿结实，为行走和站立提供了坚实的基础。男性腰部相对较窄，这使得他们的身体呈现出一种倒三角形的特征，这种特征不仅增强了男性的力量感，也使得他们在视觉上更具吸引力。从整体线条上看，男性形体通常较为硬朗，线条分明，给人一种稳重、坚毅的感觉。这种线条感与男性的阳刚气质相呼应，也是他们区别于女性形体的重要标志。

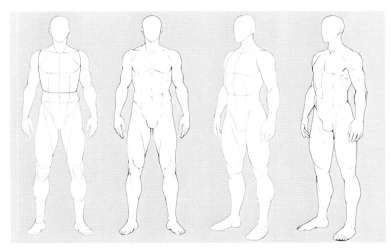

图 2-1 男性形体

　　从男性人体的结构出发，在设计男款汉服时要特别注重男性体型的塑造和呈现。由于男性身体通常较为壮硕，设计时需要充分考虑到这一点，以展现出男性的阳刚之美。在剪裁上，男款汉服通常采用直线剪裁，强调身体的垂直线条，使整体造型更加挺拔、有型。同时，注重肩部的宽度和胸部的饱满度，通过合适的剪裁和面料选择，使得肩部线条更加宽阔，胸部更加饱满，凸显男性的魁梧气质。男款汉服常见的款式有衣裳类、深衣制、圆领袍、直裰和道袍等。例如晚明时期，士人流行在宽大的道袍之外加穿披风，头戴如意巾，作为燕居服饰（图 2-2）。

　　男款汉服在面料选择上也具有独特性。由于男性体型较为壮硕，汉服的面料需要具备一定的弹性和舒适性，以便能

图 2-2 明制男款汉服

够适应身体的形态并保持舒适的穿着体验。因此，常见的男款汉服面料包括柔软透气的棉麻材质、光泽度适中的丝绸等。这些面料不仅具有良好的穿着感受，还能够凸显汉服的古典韵味和质感。在色彩和图案方面，男款汉服通常采用沉稳、庄重的色彩搭配。深色系如黑色、深蓝、暗红等，以及中性色调如灰色、米色等。这些色彩能够凸显男性的稳重和内敛，与汉服的古典风格相得益彰。在图案上，男款汉服常常运用云纹、龙纹等传统元素，以彰显男性的威严和力量。这些图案通常以刺绣或印花的形式呈现，使得汉服更具艺术感和文化内涵。

　　此外，男款汉服在细节处理上也十分讲究。例如，领口通常采用立领设计，既能够凸显男性的颈部线条，又能够增加整体造型的立体感。袖口部分则可能采用束口或宽松的设计，根据款式不同而有所变化。系带是汉服中常见的装饰元素之一，男款汉服也不例外。系带通常采用与汉服

主体颜色相协调的色调，以细绳或布带的形式呈现，增添整体造型的层次感和精致感。

男款汉服的设计特点主要体现在对男性体型的塑造和呈现、面料选择的独特性、沉稳庄重的色彩搭配以及精致的细节处理等方面。这些设计特点不仅使得男款汉服更具古典韵味和文化内涵，还能够凸显男性的阳刚气质和魅力。

二、女性人体与汉服设计

女性形体通常展现出柔和、曲线美的特点（图 2-3）。相较于男性形体的硬朗线条，女性形体更加圆润、流畅。这种曲线美主要体现在女性的胸部、腰部和臀部，这三个部位共同构成了女性特有的 S 形曲线。

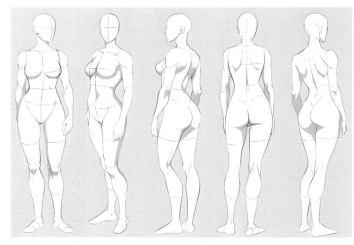

图 2-3　女性形体

女性胸部特征明显，具有凸起的乳房，这是女性形体的重要标志之一。乳房的丰满程度因个体而异，但整体而言，它们为女性的上半身增添了柔美的线条。女性腰部相对较细，与宽阔的胸部和臀部形成鲜明对比，进一步凸显了女性的曲线美。这种腰部纤细的特点使得女性在穿着紧身或宽松衣物时都能展现出迷人的身姿。此外，女性臀部较宽，曲线明显，这是女性形体中另一个显著特征。臀部的宽度和曲线不仅使得女性下半身更加丰满，也为整体造型增添了层次感和立体感。女性四肢相对较短，手臂和腿部线条流畅，肌肉线条不如男性明显，给人一种柔和、温婉的感觉。这种柔和的线条感与女性的气质相呼应，也是女性形体魅力的重要体现。

从女性人体的整体结构上看，女款汉服设计注重展现女性的曲线美。在剪裁上，女款汉服特别强调对女性身体曲线的塑造，尤其是胸部、腰部和臀部的处理，如唐制女款汉服（图 2-4）。通过合理的剪裁和面料选择，女款汉服能够凸显出女性的 S 形曲线，使得女性在穿着时更加优雅动人。例如，在胸部设计上，女款汉服会采用合身的剪裁，以突出女性的胸部线条；在腰部和臀部的设计上，则注重收腰和提臀效果，以展现出女性的曼妙身姿。

图 2-4　唐制女款汉服

　　女款汉服在色彩和图案上通常更加细腻和丰富。女性天生对色彩和图案有着更高的敏感度，因此，女款汉服在色彩选择上更加注重柔和、温暖的色调，如粉色、浅蓝、淡紫等，以展现女性的温婉。同时，图案上也会更加精致和细腻，常见的图案包括花鸟、蝴蝶、云纹等，这些图案通常以刺绣或印花的形式呈现，为女款汉服增添了更多的艺术感和文化内涵。女款汉服在面料选择上也十分讲究。为了凸显女性的曲线美，女款汉服的面料通常选用质地柔软、轻盈且具有一定光泽度的材料，如丝绸、薄纱等。这些面料不仅能够贴合女性的身体曲线，展现出女性的柔美身姿，还能够带来舒适轻盈的穿着体验。在细节处理上女款汉服也独具匠心。例如，领口和袖口的设计通常更加精致，采用绣花或蕾丝等装饰元素，为整体造型增添更多的女性化特点。同时，女款汉服还会注重裙摆的处理，通过不同的剪裁和面料拼接，使得裙摆更加飘逸、灵动，进一步凸显女性的优雅气质。

　　总体来说，男女款汉服设计的差异主要体现在对人体造型、审美偏好以及社会文化等因素的考虑上。然而，设计并不仅仅受性别因素影响，还会受到历史文化、审美趋势、性别角色认知以及市场导向等多种因素的影响。因此，在汉服设计过程中，需要综合考虑各种因素，以创造出既符合传统文化精神又具有时代感的汉服作品。

第二节　汉服设计美学法则

　　汉服，作为中华民族悠久历史的见证和传统文化的瑰宝，其设计美学法则不仅是传统工艺与时尚元素的融合，更是对东方美学精神的传承与发扬。在当今时代，随着国潮文化的兴起和人们对传统文化的重新认识，汉服设计美学法则的研究与实践显得尤为重要。汉服设计美学法则是指在设计汉服的过程中需要遵循的一系列美学原则和规律。它涉及对传统文化元素的提取与创新、对人体曲线的尊重与塑造、对色彩与图案的和谐搭配等多个方面。这些法则不仅是设计师进行创作的理论依据，也是消费者欣赏和选择汉服的重要标准。

通过对汉服设计美学法则的深入研究和应用，我们可以更好地传承和发扬传统文化，推动汉服产业的创新发展。同时，也能够满足现代人对美的追求和个性化需求，让汉服这一传统服饰在现代社会中焕发出新的光彩。

一、统一与变化法则

统一与变化是构成形式美诸多法则中最基本也是最重要的一条法则。统一指的是各元素之间通过相互关联、呼应、衬托使相互间的对立从属于有秩序的关系之中，这种有秩序的关系形成了统一，统一具有同一性和秩序性；变化是指相异的各种要素组合在一起时形成了一种明显的对比和差异的感觉，变化具有多样性和运动感的特征。

（一）统一

统一是汉服设计的基础和核心。统一性原则要求设计在整体风格、色彩搭配、图案装饰等方面保持一致性，以形成和谐、统一的视觉效果。在汉服设计中，统一性原则体现在对传统文化的尊重和传承上。设计师通过深入研究汉服的历史文化背景和风格特点，提取出共同的设计元素和符号，将其融入整个设计过程中。这样，无论是男款还是女款汉服，都能体现出统一的传统韵味和文化内涵。

统一在个体的汉服设计中指汉服整体与局部的统一，上衣与下装的统一，小衣、中衣及大衣的统一等，也包括同系列设计中汉服造型的统一。汉服设计是各种要素汇集而成的一个整体，它们具有同一性和秩序性。但在进行汉服设计时，绝非只有统一，也需融入相对的变化。无规律的变化容易引起混乱和繁杂，因此变化必须在统一中进行。

曲裾深衣是汉代女子服饰中最为常见的一种服式（图2-5），男子也可以穿着。这种服装通身紧窄，长可曳地，下摆一般呈喇叭状，行不露足；衣袖有宽窄两式，袖口大多镶边；衣领部分很有特色，通常用交领，领口很低，以便露出里衣。曲裾深衣在整体设计上遵循了统一的美学法则。其设计以传统礼仪文化为基础，严格遵循了当时的着装规范。无论是领口、袖口还是腰带等位置，都有严格的规定，不能随意变动。这种规定确保了曲裾深衣在整体风格上的统一性和协调性。同时，曲裾深衣的色彩搭配也体现了统一性原则，通常以柔和、自然的色调为主，使得整体造型在视觉上达到

图2-5 马王堆汉墓曲裾袍复原

和谐统一的效果。

（二）变化

变化是汉服设计中不可或缺的元素，它为设计注入了生机和活力。在汉服设计中，变化主要体现在款式创新、面料选择、细节处理等方面。设计师在保持整体风格统一的前提下，通过改变款式线条、调整色彩配比、运用不同的面料和装饰手法等方式，创造出丰富多样的汉服款式和风格。这种变化不仅满足了不同消费者的个性化需求，也使得汉服设计更加丰富多彩、具有时代感。

清代金丝织锦缎通领对襟长袍在设计中精妙地体现了"变化"的美学法则（图2-6）。色彩上，它以明黄为主调，点缀红、褐、蓝等多色团花，形成鲜明对比，丰富了视觉层次。图案上，宝相花与五爪行龙的交错排列，打破了传统对称，增添了创新感。两袖与衣身的图案变化，更显细节之处的匠心独运。面料上，金丝织锦缎的光泽与质感，为长袍增添了华贵气息。工艺上，精湛的刺绣技艺将色彩与图案巧妙融合，展现出独特的美感。这些变化使得长袍在保持传统韵味的同时，焕发出新的艺术魅力。

图2-6　清代金丝织锦缎通领对襟长袍

（三）统一与变化的关系

统一与变化在汉服设计中相互制约、相互补充。统一使得设计具有整体性和连贯性，避免了杂乱无章的现象；而变化为设计增添了趣味性和创新性，使得汉服设计更加生动、有趣。设计师在运用这一法则时，需要找到它们之间的平衡点，既要保持设计的统一性，又要注重变化和创新，以创造出既符合传统文化精神又具有现代审美价值的汉服作品。

二、对称与均衡法则

对称与均衡是美学中的重要法则。对称强调轴线两侧的形态、色彩等元素相同或相似，带来稳定与和谐感；均衡则注重视觉上的平衡，允许元素间的变化，但仍保持整体和谐。这两种法则在设计中相辅相成，创造出既有传统美感又富有创新的作品。

（一）对称

对称可分为绝对对称与相对对称。绝对对称是指由对称轴两边相同的形式要素组合构成的绝对平衡；相对对称是对称轴两边的造型要素大致相同，会带有一些局部变化。由于人体左右是对称关系，因此，对称最为直观的视觉效果即是服装各部位间的和谐、统一。对称形式体现着人类对美感本能的一种追求，是人类有意识或无意识对美的感知，如古希腊哲学家毕达哥拉斯曾说过："美的线型和其他一切美的形体都必须有对称形式。"亚里士多德也认为"对称性体现了天国的完美性"。对称这一人类最初发现及掌握的美的形式法则，在南宋汉族女子直领对襟服饰中得到了淋漓尽致的应用。

在汉服设计中，对称法则主要体现在结构对称和图案对称两个方面（图2-7）。汉服的左右两侧在结构上保持对称，如衣领、衣袖、衣襟、腰带等部位的设计都是对称的。这种对称结构不仅使汉服看起来更加整齐、美观，还体现了古代中国对于和谐、平衡的追求；图案的对称不仅体现在左右两侧的图案完全相同，还体现在图案的布局、色彩和纹理等方面。例如，在汉服的衣襟、袖口、下摆等部位，常常可以看到对称的图案设计，这些图案既美观又富有节奏感。

宋代汉服设计中的直领对襟服饰（图2-8）具有自然和谐的对称美特征，外部轮廓线以直线为主，构成上呈现出主要以长方形、三角形、梯形相组合的几何造型，领、襟、袖、摆等服装构成要素在平面内进行完全的对称布局，产生一股秩序感，可以说为中国历代传统服饰中的典范之作。

图2-7　清代升龙文刺绣朝褂中的图案和结构对称

图2-8　宋代《瑶台步月图》
中的直领对襟服饰

（二）均衡

均衡主要分为对称均衡与不对称均衡。前者是以人体中心为参考线，左右两部分完全相同。这种款式的汉服给人一种肃穆、端正、庄严的感觉，但同时会略显呆板。后者是一种视觉上的均衡，即汉服左右部分设计虽不一致，却有平稳的视觉感。

清代黄底金丝织锦花缎通领上衣采用了均衡法则，如图2-9所示。上衣以黄底金丝织锦花缎为面，衬绿、红花绸里，红色通领交于衣襟右侧。通体饰以金黄、蓝色花卉及福、寿、喜等纹样，丰富多彩的纹样经过设计均衡地排布于面料之上，独具特色。

图2-9　清代黄底金丝织锦花缎通领上衣

此外，设计师还需注意服装上衣与下裳之间的均衡，切勿出现"上重下轻"或"下重上轻"的视觉效果。在汉服设计中，对称与均衡往往是相辅相成的。设计师会巧妙地运用这两种法则，使得汉服既具有传统的对称美感，又充满现代设计的创意与变化。例如，在图案设计上，设计师可能采用对称的布局，但在色彩和细节处理上又运用均衡法则，打破单调，增加设计的层次感和丰富性。这些设计手法使得汉服既保持了传统的美学特征，又融入了现代设计的创新元素，展现出独特的艺术魅力。

三、夸张与强调法则

夸张是通过超出实际的描述来强化事物特征，使其更具表现力。在服装设计中，夸张手法可以突出服装的某一特点，如色彩、面料或款式，使其更加引人注目；强调则是设计中的一种突出重点的手法。在服装设计中，可以通过加强某一设计元素，如线条、色彩或细节装饰，以使服装更具吸引力和独特性。夸张和强调都是服装设计中的有效手段，能够使作品更具艺术性和个性化。

（一）夸张

夸张是指将服装某一部分加以渲染或夸大，从而达到加强和突出重点的目的，使精彩部分更加美丽夺目、更富有吸引力。在汉服设计中，夸张美学法则的运用主要体现在对服饰元素和特征的放大或缩小处理上，以强化其视觉效果和表现力。例如设计师可能运用夸张的图案设计，将传统的云纹、龙纹或凤纹等放大或变形，使其更加醒目和突出。同时，在色彩运用上，也可以采用夸张的手法，选择对比鲜明或饱和度较高的色彩，以增强汉服的视觉冲击力。

在汉服款式和剪裁上，设计师也可以运用夸张手法，如加大衣袖的宽度或长度，或者改变衣摆的形状和弧度，以突出汉服的独特魅力和个性特点。如魏晋时期典型的时尚标志就是"褒衣博带"，即自由自在的宽衫大袖（图 2-10）。

图 2-10　宽衫大袖

清代嵌料石万寿字花盆底女鞋也同样运用了夸张手法（图 2-11）。该鞋高 20.5cm，鞋为花盆底，在木底外包有白棉布，用各种颜色的小料花钉缀"万""寿"字及"福在眼前"纹，纹样具有吉祥祝寿之意。其高底设计显然超出日常需求，色彩对比鲜明，图案立体醒目，用料奢华且工艺精湛。这些夸张的元素使得鞋子不仅具有实用性，更凸显了艺术性和审美价值。

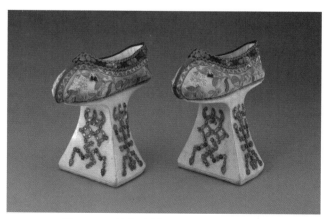

图 2-11　清代嵌料石万寿字花盆底女鞋

（二）强调

在服装款式设计中，强调手法的运用主要体现在两个方面。第一，体现独特风格。如在轮廓、细节、色彩、面料、分割线或工艺等方面进行强调设计，体现服装独特的时代特色与风格特征。第二，强调重点部位。如在领、肩、胸、背、臀、腕、腿等部位进行重点强调设计（图2-12）。这种重点设计可以利用色彩的对比强调、面料材质的搭配强调、廓形线条的结构强调及配饰使用造型强调等。但以上诸多强调方法并不适宜同时使用，强调的部位也不能过多，应当只选用1～2个部位作为强调中心。

清朝光绪年间的明黄色绸绣牡丹平金团寿单氅衣（图2-13），边饰是突出的特点之一。边饰中较窄的是用机织的绦带或素缎、素绸镶饰，最宽的一道饰边的质地、工艺和图案与服装面料相同，为

图2-12　晚清蟒衣

手工刺绣，但其颜色与鲜丽的面料反差较大，大多深于面料颜色，从而突出了华丽的面料及其精致的织绣工艺。氅衣的边饰宽达21cm，从里向外分别是织金三蓝舞蝶绦、元青缎平金寿字牡丹边、元青织金长圆寿字边。

图2-13　明黄色绸绣牡丹平金团寿单氅衣

氅衣用白、湖色、浅绿色绣制折枝牡丹花，灰色枝干上，三蓝晕色的叶子飘逸逼真，颇具淡而隽永、雅而不薄的中国传统水墨淡彩的风格，大朵的折枝牡丹间饰平金绣团寿字，在面料上重复强调，于雅致恬淡中彰显皇家御用品的华美富贵。值得注意的是，针绣牡丹花瓣的水路用蓝色丝线做打籽代替勾边，使花瓣极具自然舒展的立体感，风格独具。

四、节奏与韵律法则

韵律原指音乐或诗歌的声韵和节奏，节奏的抑扬顿挫与强弱起伏变化便产生了韵律。在视觉艺术中造型元素点、线、面、体以一定的间隔、方向按规律排列，并连续反复也就产生了韵律，也可通过节奏原理产生渐变，将这些造型元素进行强弱的反复变化产生韵律的美感。

汉服设计中的节奏与韵律法则，主要是指设计中的各种元素如结构线、轮廓线，或汉服的长短、大小等有节奏地排列所形成的律动美感，不同元素的连续变化可以产生强弱、抑扬或轻快自由的流动感。节奏与韵律变化的关键，在于元素的重复，以及这种重复的合理使用。节奏与韵律美感的设计法则分为规则的韵律和不规则的韵律两种。

（一）规则的韵律

规则的韵律是同一元素的反复使用，其为简单的机械重复。规则的韵律在汉服中的运用主要体现在款式对称、图案有序重复和色彩和谐统一。这些设计手法使得汉服在视觉上呈现出平衡、和谐的美感，既符合人们的审美需求，又凸显了汉服作为传统服饰的独特魅力。例如，马面裙上的百褶样式体现了一种有规则的重复。此外，规则的韵律也可以是从小到大、从大变小的渐变式变化，或是某种因素在重复出现时按等比或等差的关系渐渐增强、渐渐减弱，引起视线在朝某一个方向过渡中平稳滑行。

清代咸丰年间的石青色团龙妆花缎裌朝裙，从腰部到裙底逐渐加宽，裙面的褶皱均以规则的式样排布。上部为浅绿色团龙圆寿字暗花缎，中部为红色云龙圆寿字织金缎，下部为石青色团龙妆花缎，裙边镶银、赤、黄三色金边和石青片金勾莲纹缎边各一道。整个朝裙从上到下、从左到右体现了一种规则的韵律法则（图2-14）。

在汉服设计中，规律性线条的排列会给人以苗条、上升、理性之感，如深衣的设计带有这种规则的韵律之美。如果以弯曲的效果呈现，就会有流水或浪潮般的韵律，富有柔和的美感。这种节奏与韵律比较文静、朴实，令人感到舒服，能够产生呼应配合的协调效果。

图2-14　石青色团龙妆花缎裌朝裙

（二）不规则的韵律

不规则的韵律，应为长短、形状、大小不一的线条、图案或是相同因素在方向上不定向或距离上不等距的重复。不规则中也带有韵律感，充满情趣。虽然这种重复在宽窄、大小、间距上已

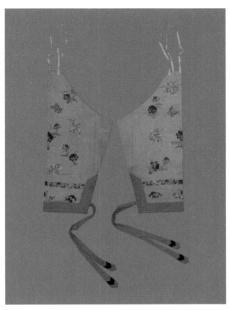

图 2-15　清代明黄色绸绣荷兰蝶单套裤

发生变化，但仍保持相似的特点。不规则韵律款式的汉服比较活泼、有趣、动感强，并有一定的节奏及旋律，不规则的韵律比规则的韵律复杂多变，但同时也有丰富的视觉效果，给人们带来更为精彩的视觉体验。

清代明黄色绸绣荷兰蝶单套裤（图 2-15），上端分别缀湖色绸带两条，其中一条为环状，穿着时系于腰带上。下端开裾处分别缀白色绸带两条，用于系紧裤腿。此裤套于内裤外，起遮挡和装饰作用。面料为明黄色四合如意暗花纹绸，绣五彩荷花、墩兰、蝴蝶。裤腿下部绣一道缠枝花卉，裤腿口绣福寿万代、如意长青万代图案。其中展现出的不规则韵律美主要体现在图案布局多变、裤腿设计富有层次以及开裾缀带灵活多样。这些元素的不规则变化，使得裤子在视觉上更生动、有趣，充满艺术感。

第三节　汉服设计要素

汉服历史悠久，历朝历代的汉服设计各有不同。设计师想要完全地追复古代服饰样貌有一定难度，一是图文史料有限，明朝之前的服饰实物留存下来的极少，不免管中窥豹，难以真正还原；二是拟古并不能让汉服真正地"活"起来。现代汉服设计，需要符合人们的生活方式和习惯，同时还应保留传统的古典美。将现代的一些工艺、技术上的改进融合到汉服中，让汉服在保持本质的同时有合理的发展，更有利于汉服的复兴。因此，设计汉服时设计师需要利用一切可用的因素，把握住汉服款式的流行趋势，在流传下来的款式中进行和谐搭配，可采用一些新的面料和装饰及创新的色彩组合方式，打造出能够吸引大众注意力的视觉符号，迎合消费市场的快速更新迭代。

一、款式设计

汉服款式设计，可以根据不同的历史时期、文化背景和穿着场合，设计出各具特色的汉服款式。同时，设计师需注意尊重历史和文化传统，不要随意改变汉服的基本结构和特点；注重细节和工艺，使用优质的材料和精细的制作工艺，打造出高品质的汉服；还要考虑穿着的舒适性和实用性，不要过于追求华丽而忽略了穿着的舒适度。汉服设计是一项需要创造力和历史文化素养的工作，只有在尊重历史和文化传统的基础上，才能设计出真正符合汉服文化精髓的汉服款式。

（一）领

汉服的领型是汉服设计中的重要元素之一，不同的领型可以为汉服增添不同的特色和美感。汉服的领子主要有交领、圆领、立领、直领等样式。

1. 交领

交领指的是衣服前襟左右相互交叠。交领右衽是传统汉服领型，流传最广、延续并使用得最久。交领的变化在于领深的高低、领口的宽窄、与领颈之间的距离，可通过调整领深、领口和领缘宽度来实现。南宋《宋宁宗后坐像》中，杨皇后头戴龙纹花钗冠，身穿交领大袖的五彩褘衣，拱手端坐于靠背椅上（图2-16）。

女子因为身体结构，其交领领线需高于男子。一般女子交领衣的领线要在乳峰线以上，才会更加服帖不错位。由于交领衣领袖一体的结构，所以袖根宽一般在25~30cm之间才会达到较好的效果。领形处理不宜太宽，一般以14cm为普遍参数，胖的人可以略微加宽。交领的前襟的弧度需符合人体构造，因人而异。如果衣服领宽或者人的脖子较粗，这个弧度相对角度要大，反之则比较直。各种领形处理方法其实是大同小异。后领领窝基本一致，重点处理前领的形状。比如圆领，把领子做成J形，做方领的时候把领做成L形等。

图2-16　南宋《宋宁宗后坐像》
（中国台北故宫博物院藏）

2. 圆领

圆领亦称团领，实为无领型领式。衣领形似圆形，内复硬衬，领口钉有纽扣。注意这种纽扣不是清朝那种盘扣，而是小小的隐扣。唐制圆领袍是圆领比较经典的代表，隋唐时期开始盛行。据《唐书·舆服志》记载，天子的常服有穿赤黄袍衫，戴折上巾，系九环带，穿六合靴。唐太宗文皇帝所穿为此服（图2-17）。

圆领袍在女性之间也非常受欢迎。陶俑、壁画乃至后世临摹的唐代画作上，都可以看到大量英姿飒爽的女子形象，她们身上的圆领袍，款式与男子一般无二（图2-18）。

图2-17　唐太宗文皇帝身穿圆领
黄袍衫

图 2-18　唐代身穿圆领袍的女性

3. 立领

立领汉服即明立领，最早出现于明朝中期，并在明朝后期广泛流行。这种领口样式是应发展要求而出现的，成为明代中后期汉族女性服饰的代表样式之一（图 2-19）。

图 2-19　绿织金妆花通袖过肩龙柿蒂缎立领女夹衣

常见的立领汉服有立领斜襟长衫、立领斜襟长袄、立领对襟长衫、立领对襟短衫等，袖型也有多种，如琵琶袖、直袖、大袖、半袖等。宣益王墓中出土了四件立领对襟衫。《江西南城明益宣王朱翔铈夫妇合葬墓》中有相关叙述："大衫四件。色黄。俱为对开襟、高领、宽袖，束袖口短上衣……在开襟两侧俱钉金扣花，每件七副。每副扣花由两只蝴蝶组成采花团。雌蝶头部有菊花一朵，花心中空，雄蝶头部为一中嵌宝石的圆饼，扣合时成为花蕊。"

立领汉服在形制方面并没有太多考究，立领处可以有一颗或两颗扣子，这在出土的文物中都有找到对应的。此外，立领汉服也有许多搭配方式，如明制立领对襟长衫配云肩，明制方领半臂对襟短衫配百褶裙等。同时，立领汉服也有许多不同的样式和图案，如刺绣、织花等，展现出不同的美感和风格。

立领汉服作为汉族传统服饰的代表之一，具有独特的历史和文化价值。在清代汉族女性服饰中，立领对襟长衫尤为流行，从清初宫廷画家创作的工笔重彩人物画《十二美人图》中可以看出（图2-20）。

4. 直领

直领汉服的特点是领子从脖子上平行垂下，不在胸前交叉，有的在胸部有系带，有的直接敞开而没有系带。这种领子样式被广泛运用于各种汉服款式中，如直领对襟衫、直领大襟衫、直领襦裙等（图2-21、图2-22）。与立领汉服不同，直领汉服的领子并没有立起来，而是呈现出一种平展的状态，给人一种简洁、大方的美感。同时，直领汉服的衣襟通常呈现出对称的状态，这也符合了中国传统文化中对于对称美的追求。

图2-20 清《十二美人图》中身穿立领对襟长衫的女性人物

图2-21 棕色罗花鸟绣夹衫

直领襦裙多为女子穿着，其上襦为直领，因而得名。按照裙腰高度，可以分为直领高腰襦裙、直领中腰襦裙，直领齐胸襦裙。对于直领襦裙而言，切忌上下等分，否则显得头重脚轻。一般要裙腰稍高，这样方显襦裙之美。

在现代，随着汉服文化的复兴，直领汉服也成为

图2-22 直领襦裙

了许多汉服爱好者喜爱的款式之一。无论是在日常生活中还是在特定的文化活动中，直领汉服都能够展现出其独特的魅力和文化内涵。

（二）袖

汉服的袖子种类繁多，常见的有广袖、直袖、箭袖、琵琶袖、垂胡袖、飞机袖、半袖和无袖等。这些袖子类型在汉服文化中各有其独特的历史背景和文化内涵。通常，袖子由袖长、袖口、袖身、袖缘几个主要元素组成。袖长和袖宽大的款式，可体现庄重、大气的风度，适合正式场合及身份较尊者穿用，窄袖则清爽灵活，适合日常活动。敞开型袖口，气质洒脱，飘逸；圆袂袖则蕴含着"天圆"的象征意义。收祛加袖缘亦可增加服饰的正式感。

1.广袖

广袖是汉服中最为常见的袖子类型之一，其特点为宽大，常用于礼服和正式场合的服装。现藏于北京故宫博物院的《洛神赋图》中女性人物手持麈尾，身着广袖襦裙，衣带飘飘，仪态曼妙，宛若仙女（图2-23）。所谓广袖襦裙，裙外有围裳，围裳下饰以三角形的襳（音同鲜）髾，即"杂裾垂髾"，两汉时就已出现有这种装饰的服装，称袿衣。袿衣的底部有上宽下窄、呈刀圭形的两个尖角，称为"裾"。袿衣之下以裳为衬，是当时贵妇的常服。南朝之后这种装饰逐渐消失。但此类带有飘逸的襳髾装饰的襦裙，后来被神化为神仙服饰。

图2-23 《洛神赋图》中的广袖襦裙

2.直袖

直袖，其袖口与袖根宽度相近，主要包括窄直袖、宽直袖以及变化款直袖。窄直袖的袖型通常较为修身，从上身约一半处开口，水平向外延伸，线条流畅而紧致。窄直袖的设计便于日常活动，展现出一种干练与利落的美感。宽直袖相对于窄直袖，其袖管更为宽松，从腰部或稍上方开口向外延伸。宽直袖的设计不仅增添了服饰的灵动性，更在视觉上营造出一种飘逸与洒脱的氛围。这种袖型常见于袍服、大衫等汉服款式中，彰显出穿着者的从容与自信。在汉服的发展过程中，直袖也衍生出了许多变化款式。例如，有些直袖在袖口处会采用收紧设计，形成类似箭袖的效果，既保留了直袖的简约美感，又增添了服饰的实用性。此外，还有一些直袖会在袖身上加入褶皱、绣花等装饰元素，使服饰更加丰富多彩。

（三）裙

在汉服的裙子设计中，比较典型的有马面裙、百褶裙、襦裙等。

1.马面裙

马面裙是一种比较常见的汉服裙类型，其特点是前后共有四个裙门，两两重合，两侧裙幅打褶，中间裙门重合而成的光面，俗称"马面"（图2-24）。马面裙的裙腰多用白色布带，穿时系用，明清时期非常流行。马面裙的风格由明代的清新淡雅到清代的华丽富贵，再到民国的秀丽质朴，经历了一系列的变化。

图2-24　绿色地龙凤纹缂丝马面裙（来源：明尼阿波利斯艺术博物馆）

2.百褶裙

百褶裙又称"襕裙"，是一种将裙幅打褶而成的裙子，其特点是裙身由许多细褶构成，长裙曳地，姿态优美。百褶裙的流行年代为明代，尤其受到年轻女子的喜爱。这种裙子褶多而密，裙幅宽而长，穿着时显得端庄秀美，文静大方。

3.襦裙

襦裙是上身穿的短衣和下身束的裙子的合称，是典型的"上衣下裳"衣制。上衣叫"襦"，长度通常不到膝盖；下身叫"裙"，由多幅布帛拼制而成，上连于腰。这种服饰最早出现在战国时期，在魏晋南北朝时期兴起。

汉服的裙子类型繁多，每种裙子都有其独特的历史和文化背景。这些裙子类型展现了古代女性在服饰上的审美追求和创意，为我们了解古代女性文化提供了重要的线索。在对汉服裙子进行设计的过程中，应注意无论男女款都强调下摆的舒展、飘逸。所以，下摆通常宽于腰围1.5~2倍，甚至更多。腰部多余的量，通过捏褶来解决。褶襕同时还可以变换位置和形式，起到装饰的作用。

二、色彩设计

在传统观念中，汉服色彩设计注重"随类赋彩""以色达意"，追求色彩的和谐与美感。同时，汉服色彩也体现了古代人们的等级观念和礼仪制度。例如在古代，正色是指青、赤、黄、白、黑五种颜色，分别代表着不同的方位和神祇，被视为尊贵的颜色，间色是由正色混合而成的颜色，地位相对较低。因此，在汉服色彩设计中，正色常被用于制作高贵的礼服，间色则多用于日常穿着的服饰。汉服色彩设计也常受五行学说、阴阳学说等哲学思想的影响。如五行学说中的金、木、水、火、土五种元素，分别与白、青、黑、赤、黄五种颜色相对应。在汉服色彩设计中，这些颜色被赋予了不同的象征意义和文化内涵。同时，阴阳学说也对汉服色彩设计产生了影响，认为明暗、冷暖等对比关系可以体现阴阳相生的哲学思想。

五行色是中国古代服装的主要基本用色。中国各朝代的服饰用色基本上都是从这五个原色中来寻找，特别是一些礼服、朝服、吉服的用色。五行色中，色彩运用的频率从高到低依次为黑、红、青、白、黄。

（一）黑色

黑色属水行，象征着冬日和北方，在五德中象征着"恭"。在礼治森严的时期，它显示的是庄严和威慑。秦始皇当年定黑色为秦国旌旗服饰之颜色，即因为秦国以水德得天下之故。早在史学家编纂的《汉书·律历志》中就有记载："今秦变周，水德之时。昔文公出猎，获黑龙。此其水德之瑞。"说的是晋文公外出打猎，捕获了一条黑色的龙，这正是五行之中水德的象征，也因此使得秦朝崇尚黑色，并且以龙作为图腾。在秦汉时期，皇室服饰的花纹以鱼纹、龙凤纹为主，并且会以龙凤纹为尊。

由于秦朝历史短暂，秦服制度还未完善，但对黑色的尊崇却是十分明确的。因此，玄黑成为秦服制的一大亮点（图2-25）。在秦统一六国、建立秦朝之后，黑色作为地位的象征，是最尊贵的颜色，因而能着黑色服饰的便是最高贵的人。秦始皇的衣冠服制规定，秦始皇常戴通天冠，废周代六冕之制，只着"玄衣纁裳"，三品以上的官员着绿袍，一般庶人着白袍，而农民则只能穿以粗麻、葛等制作的褐衣、缊袍等服饰。

图2-25　秦朝玄黑龙袍

（二）红色

红色属火行，象征着夏日和南方，有富贵、幸福的内涵，对应五德中的"从"。因此，几乎历朝代节日、庆典等欢庆场合的正式服装都选用红色。红色在汉服中的运用非常广泛，常常被运用在衣袍的设计上，为其增添了浓郁而华贵的中国风，体现了其独特的魅力。红色汉服可以采用不同的面料和款式，如织锦、绫罗、纱绸等，展现出不同的风格。在汉服中，红色系汉服的搭配法则通常是选择亮度较低但饱和度较高的颜色，如艳丽的大红色常搭配亮度较低的绿色或蓝色，以营造出高级的美感。此外，红色还可以与米色、白色等颜色搭配，形成清新脱俗的视觉效果。

清代光绪年间的大红色纱绣平金彩蝶"囍"字丝质纹衣如图 2-26 所示，圆领、大襟右衽，平阔袖作多层状，左右开裾至腋下云纹处。领、袖、衣缘镶饰绦边三重。领、襟缀铜鎏金錾花扣四颗。此衣是在大红色实地纱地上运用平针、缠针、钉线、平金等刺绣针法绣制彩蝶及金"囍"字纹样。蝴蝶上下翻飞、两两相对，为中国古代传统纹样，称"喜相逢"，加之间饰的"囍"字相衬，更有喜上加喜之意。透过此衣使人仿佛看到了一百多年前清代光绪皇帝大婚时喜庆热烈的动人场景。

图 2-26　大红色纱绣平金彩蝶
"囍"字丝质纹衣

（三）青色

青色属木行，象征着春天和东方，对应五德中的"明"。青色一般作为正式服色，寓意平和与繁荣。青色在汉服文化中具有重要的地位，被视为一种典雅、庄重、清新的颜色。青色汉服通常采用天然染料如蓝草、靛蓝等染色而成，呈现出深浅不一的青色调，具有天然、环保的特点。青色汉服的款式非常多，包括长袍、襦裙、衫裙等各种形式。在古代，青色常用于制作男子的礼服和女子的婚服，因为青色象征着忠诚、正直和纯洁，寓意着婚姻的美满和家庭的幸福。同时，青色汉服也常用于祭祀、朝拜等庄重场合，体现了其在古代社会中的重要地位。

清代光绪年间的茶青色缎绣牡丹女夹坎肩，是清代后妃日常便服（图 2-27）。湖色素纺丝绸里，领口缀铜镀金錾花扣一枚，衣襟缀羊脂白玉镂空雕四合如意扣四枚。面料为茶青色素缎，用套针、抢针等技法绣牡丹花，纹样设色典雅和谐，构图自然柔美，线条舒展流畅。边饰是湖色缠枝石榴绦、元青缎绣牡丹团寿字边、月白色万字曲水织金缎边。在左、右、后开裾处和前襟下幅盘饰如意云头。繁复的边饰，使得面料仅存方寸，突出了边饰的装饰作用，代表着晚清以繁缛华丽的装饰为美的时代潮流。

图 2-27　茶青色缎绣牡丹女夹坎肩

（四）白色

白色属金行，象征着秋天和西方，在五德中对应"聪"。白色也是正式服色，给人以凉爽、轻盈、质朴的感觉。白色在汉服文化中象征着清纯、高雅和洁净，是一种非常受欢迎的颜色。白色汉服通常采用丝绸、麻布等质地轻薄、透气性好的面料制作，展现出清新、自然的气息。同

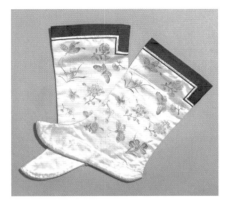

图 2-28　白色绫画花蝶夹袜

时，白色汉服也常用于祭祀、丧礼等庄重场合，体现了其在古代社会中的重要地位。

　　清代乾隆年间的白色绫画花蝶夹袜，用白色暗花绫做成，淡墨勾画花卉和蝴蝶纹饰，并以淡彩渲染，清新别致（图 2-28）。

（五）黄色

　　黄色属土行，象征着长夏和中央，五德中对应"睿"。黄色在正式服装中的运用从隋唐开始，天子穿黄色服装，象征着中央集权和威严。在古代，黄色汉服常用于制作皇帝的龙袍、皇后的凤袍等重要礼服，体现了其高贵和庄重的地位。黄色汉服的面料也非常考究，如使用蚕丝、麻布等高质量材料制作，以保证其质地柔软、舒适且耐穿。然而，由于黄色在传统文化中的特殊地位，普通民众在穿着黄色汉服时需要谨慎。在现代社会，黄色汉服更多地用于表演、舞台演出、影视剧拍摄等特殊场合，或者作为对古代皇家文化的纪念和展示。

　　清代乾隆年间明黄色缎绣彩云黄龙夹龙袍如图 2-29 所示，在领、袖边镶饰石青色团龙杂宝织金缎及三色平金边，内衬湖色缠枝莲暗花绫里，缀铜鎏金錾花扣四枚。采取一至三色间晕与退晕相结合的装饰方法，通过大红色云蝠的反差衬托，使恬淡的龙纹更具庄重热烈的装饰效果。

图 2-29　明黄色缎绣彩云黄龙夹龙袍

　　在现代汉服中，色彩设计更加注重创新和个性化。设计师可以根据不同的主题和风格，运用各种色彩元素和材料，打造出独具特色的汉服作品。例如，在婚礼等场合穿着的汉服，常采用红色等鲜艳的颜色作为主色调，以表达喜庆和吉祥；而在一些文艺活动中穿着的汉服，可能采用更为柔和、淡雅的色彩，以体现文化的内涵和韵味。

三、面料设计

面料的选择对汉服的整体风格起着决定性的作用，不同的面料具有不同的质地、光泽和纹理，能够展现出不同的风格和特点。面料的运用能够丰富汉服的设计元素和表现力。设计师可以通过对面料的拼接、剪裁和装饰等手法，创造出丰富多样的视觉效果。此外，面料的选择还需要考虑到穿着者的需求和舒适度。不同的面料具有不同的透气性、吸湿性和保暖性等特点，设计师需要根据穿着者的需求和穿着环境来选择，以确保汉服在穿着时的舒适性和实用性。

（一）丝

丝织面料，即以蚕丝为原料织成的纺织面料，具有一系列独特的性能与特点。丝织面料以其柔软细腻的触感，为汉服提供了极佳的穿着体验。无论是作为外衣还是内衬，丝织面料都能确保穿着者的舒适感，同时展现出汉服的轻盈飘逸之美，其光泽感还为汉服增添了华丽的光彩。在阳光或灯光的照射下，丝织面料会散发出迷人的光泽，使得汉服更加引人注目。这种光泽感不仅提升了汉服的视觉美感，也体现了其高贵典雅的品质。此外，丝织面料的多样性和可塑性为汉服设计提供了丰富的可能性。不同的丝织面料具有不同的纹理、图案和色彩，设计师可以根据需要选择合适的面料来展现汉服的独特魅力。同时，丝织面料也易于进行各种工艺处理，如刺绣、染色等，进一步丰富了汉服的设计元素和表现力。

湖南长沙马王堆一号汉墓出土的素纱襌衣如图2-30所示，因襌衣用纱料制成、无颜色、无衬里，出土遣册注名为素纱襌衣。它的衣领缘和袖缘的面料是绒圈锦，是迄今考古发现中最早的起绒织物。它是西汉丝织水平的代表作，更是中国服饰文化的骄傲，是存世年代最早、保存最完整、制作工艺最精、最轻薄的一件衣服。

图2-30　马王堆一号汉墓出土的素纱襌衣

在汉服制作中，织锦也常被用于制作衣身、袖口、裙摆等部位，以其丰富的色彩和精美的图案为汉服增添独特的魅力（图2-31）。织锦外观瑰丽多彩，花纹精致，以传统风格的纹样为主，一些织锦的用色、图案有明显的男女区别。质地密实，挺括，有织锦缎、古香缎等类别。织锦多用作衣缘、饰带，也可用作礼服外衣的缝制。沈从文先生最早在《中国古代服饰研究》中对战国衣缘略有提及，指出"领缘较宽，绕襟旋转而下，边缘多做规矩图案，使用厚重织锦。"

图2-31 清代鸾凤纹织锦

（二）麻

麻面料主要有亚麻、苎麻等，特点是质地结实，外表光洁挺括，手感滑爽，垂感好，但容易起褶皱；色泽鲜艳，不易褪色，不易受潮发霉，对酸碱反应不敏感，熨烫温度高。亚麻面料是最常用的一种，因为它不仅透气性好，而且柔软度也较高，适合贴身穿着。苎麻和汉麻等面料更加粗犷，适合用来制作一些宽松的汉服款式。质地细腻的麻面料适宜用作中衣、夏天穿用的襦裙等；厚重的麻面料则适宜制作秋冬外衣，气质倾向于男装。这些汉服款式通常设计得较为简单，以凸显麻类面料的天然质感和透气性。同时，麻类面料的汉服也需要特别注意保养，避免过度拉扯和摩擦，以保持其天然的质感和美感。历史上汉族服饰最早使用的面料便是麻、葛，因此百姓也被称作"布衣"。

夏布是一种麻质织布，具体又分为细布、粗布、罗纹布三大类别，布匹纹路细密平整，色泽莹洁润滑，坚韧耐用。由于麻质轻薄的特性，穿后易洗易干，烫后有棱有角，显得古朴雅致，美观大方，所以历朝历代都深受人们喜爱（图2-32）。

图2-32 夏布单衫

（三）棉

棉的外观和质地更有亲和力，不像麻织物那样挺括，吸湿性、透气性、保暖性好，柔软贴身，色泽鲜艳，耐碱性强，耐热，抗虫蛀，没有弹性。它的缺点是缩水率大，耐酸能力较差，易折皱，易生霉，不可长时间日晒。棉面料汉服在设计和款式上非常多样，包括但不限于襦裙、衫裙、长袍、对襟短衫等。根据不同的历史时期和地域特色，棉面料制成的汉服在颜色、图案和工艺上也存在差异。例如，明代的棉汉服常采用素色或淡雅的色彩，而清代的棉汉服则更注重细节和装饰。

清代同治年间的杏黄缎虎头式棉风帽以杏黄缎制成，帽脸略呈长圆形，外观似小披风（图2-33）。帽上绣虎眉、虎目、皮鼻、虎口、虎须等纹饰及象征虎之威猛的"王"字。衬月白色绸里，内絮棉花。虎头帽的形状来源于远古时期的图腾崇拜，后成为寓意驱祸避邪的吉祥物。虎头帽一般多用青、蓝、粉红色布料，帽脸用硬布壳做成，并以五彩丝线施绣加以装饰。这件清宫所藏小虎头帽用料精细，较民间虎头小帽更为上乘，从清代服饰等级制度来看应当是小皇子所戴。

图2-33　杏黄缎虎头式棉风帽

（四）毛

毛织物属于动物纤维面料，外观高贵素雅，悬垂性好，保暖、透气，适宜制作秋冬季汉服外套。应使用樟脑防止虫蛀。精纺毛织物较轻薄柔软，手感舒适爽滑，外观高贵，色彩低调雅致，可用于制作四季男女外衣。粗纺毛织物，如毛呢、粗花呢等，厚重、垂度好，表面挺括，有弹性，保暖性强，光泽柔和，适合制作冬装礼服外套。接近毛织物的化纤织物，如涤纶仿毛织物，有近似于毛的蓬松外观、良好的弹性和耐磨性，质地结实，不易变形，价格便宜，护理简便。缺点是吸湿性较差，穿着舒适感不及毛织物。

清代雍正年间的酱色羽毛缎行裳是清代皇帝行服之一，满语称为"都什希"，皇帝在出行和围猎之时，系行裳于行服袍外。其式如围裙，左右两幅，中开裾，下为倭角，内侧两端钉缀束腿带各二，蓝布腰襕延及系带。行裳的面料多为耐磨保暖的毛皮、毡、呢及羽毛缎等。图2-34中这件行裳以羽毛缎为面料，用加捻毛纱织造，具有耐磨、防雨的作用，是皇帝一年四季出行必备服饰。

图2-34　酱色羽毛缎行裳

四、图案设计

图案是汉服设计中不可或缺的元素，能够丰富汉服的视觉效果，增强服装的艺术性和审美价值。通过运用各种图案，设计师可以在汉服上展现出丰富的文化内涵和民族特色，使汉服更具个性和魅力。图案的选择和运用需要根据汉服的整体风格和设计理念进行，不同的图案能够传达出不同的情感和意境（表2-1）。设计师需要根据设计需求选择合适的图案，以达到最佳的视觉效果。同时，图案的布局和排列也需要考虑服装的结构和款式，以确保图案与服装的和谐统一。

表2-1　图案设计的种类及代表元素

图案种类	代表元素
植物类	莲花、牡丹、梅花、菊花、松树、竹子、葡萄、葫芦、石榴、藕等
动物类	龙、凤、鹤、狮子、老虎、豹子、蝙蝠、鱼、喜鹊、蝴蝶、麒麟、鲤鱼等
人物类	嫦娥、织女、八仙、诸葛亮、关羽、秦始皇、孙悟空、猪八戒等

（一）植物类图案

从六朝的莲花，到唐代的牡丹、元代的松竹梅、明代的串枝莲等植物类图案（图2-35）被大量运用在中国传统服装的装饰中，它们或本身就具有美好含义，或与其他植物、动物图案相组合，给人们以美好寄寓。以下列举部分常用植物类图案示例。

图2-35　植物类图案汉服

1.梅花图案

梅花是汉服图案中常见的花卉之一，它通常在冬季开花，代表着坚强、高洁和谦虚的精神。在汉服中，梅花图案常被用于女子的襦裙、披风等服饰，展现出优雅、清新的气质。清代光绪年间的雪青色绸绣枝梅纹衬衣如图2-36所示。衣缘饰绦边三重，衣内衬月白色素纺丝绸里。缀铜鎏金錾花扣一枚，铜鎏金机制币式扣四枚。此件衬衣在雪青色平纹暗花春绸地上运用平针、缠针、打籽等刺绣针法绣制浅绛色折枝梅花纹，构图纯朴自然，纹样典雅秀丽。

2.牡丹图案

牡丹是中国传统文化中的国花，也是汉服图案中常见的花卉之一。牡丹代表着富贵、荣华和尊贵，常被用于皇家的服饰图案中，如龙袍、凤袍等。唐代的服饰图案中多用牡丹。清代光绪年间的石青色团牡丹暗八仙纹织金缎小坎肩，在石青色缎纹地上用圆金线作纹纬织金团牡丹、"卍"字及暗八仙等纹样（图2-37）。由于大量使用金线及织金绦边装饰，此衣的质地厚重，金光夺目，显现出高贵华丽的皇家气派。

图 2-36　雪青色绸绣枝梅纹衬衣　　　图 2-37　石青色团牡丹暗八仙纹织金缎小坎肩

3. 菊花图案

菊花常代表高洁、坚强和不屈不挠的精神，多被用于女子的服饰中，如长袍、马褂等。清代光绪年间的湖色缎绣菊花纹袄衣，领、袖、衣缘镶滚多道或织或绣的花卉纹绦边（图 2-38）。此衣采取二至三色晕的装饰方法，运用平针、戗针、平金、打籽等多种刺绣针法在湖色缎纹地上彩绣折枝菊花纹样，构图飘逸自然，设色朴素和谐，刺绣者准确地把握了菊花的形态特征，把它的叶脉轮廓和花瓣的卷曲变化表现得活灵活现。

4. 竹子图案

竹子是中国传统文化中的四君子之一，也是汉服图案

图 2-38　湖色缎绣菊花纹袄衣

中的常见元素。竹子代表着高洁、清雅和谦逊的精神。清代光绪年间的月白色缎绣竹子元宝底鞋如图 2-39 所示。采用彩色丝线以缠针绣竹叶纹及盘长纹，鞋头以蓝色缎饰如意云纹，纹饰均寓意吉祥。鞋跟为木质，外裱一层白色棉布，棉布外以贴绫方法堆贴花卉纹，色彩斑斓，晕染过渡自然。鞋帮与鞋跟之间压一道绿边。

5. 葫芦图案

葫芦是民间百姓喜闻乐见的图案题材，亦因葫芦串多、籽多，被形容为"葫芦万代"。葫芦图案通常用于新婚礼服上，表示对美满婚姻的美好祝福。民国时期丝质褡裢外观呈长形，中部有口，两端下垂，成两袋，是用以携带物品的袋囊（图 2-40）。以蓝色素缎为主要面料，其上用

彩色丝线以铺绒绣的技法绣出葫芦、桃子纹样，并用捻金线勾边。

图 2-39　月白色缎绣竹子元宝底鞋

图 2-40　蓝缎圈金铺绒绣葫芦桃子褡裢

（二）动物类图案

动物类图案在汉服设计中占据重要地位，它们丰富了汉服的视觉元素，并蕴含深厚的文化内涵。龙纹、凤凰等图案象征权力与吉祥，常用于高端设计。锦鲤、仙鹤等动物图案体现对自然和生命的热爱，使汉服更加生动。设计师巧妙结合传统与现代审美，使得动物图案在汉服上焕发新光彩，既传统又现代。这些图案不仅增添了汉服的视觉美感，更传递了丰富的文化意义。以下列举部分常用动物类图案示例。

1. 龙凤图案

龙和凤是中国传统文化中的神兽和神鸟，代表着吉祥、尊贵和权力。在汉服中，龙凤图案通常被用于皇家的服饰，如龙袍、凤袍等，象征着皇室的尊严和权威。龙是君主的比照，是神灵之精，四灵之长。《易经》中有："能与细细，能与巨巨，能与高高，能与下下。吾故曰：龙变无常，能幽能章。……此之谓有威仪。"但龙的纹样普通百姓是不能使用的，即使戏服中使用，也必须挑去一爪，称为"蟒"（图 2-41）。

图 2-41　蟒纹汉服

《山海经·卷一·南山经》中有："丹穴之山……有鸟焉，其状如鸡，五采而文，名曰凤皇……是鸟也，饮食自然，自歌自舞，见则天下安宁。"传说凤凰本是一种简朴的鸟，曾在大旱之年，不辞劳苦地拯救了濒于饿死的各种鸟类，为了感激它的救命之恩，众鸟各自选了一根最漂亮的羽毛献给凤凰，凤凰也因此成为一种最美丽、最高尚和圣洁的神鸟。凤凰图案装饰于古代皇后的服饰上，象征着尊贵的地位。清代乾隆年间的香色地翔凤妆花缎女

图2-42　香色地翔凤妆花缎女夹袍

夹袍如图2-42所示。圆领，大襟右衽，马蹄袖，裾左右开，袖、身相接处有接袖。衬里为月白色绸。女袍面在香色缎地上以妆花技法织五彩凤凰9只，凤凰分别口衔折枝牡丹、海棠、梅花，色彩艳丽，两翅伸展，舞动着飘带似的凤尾，婀娜多姿。下幅织江崖海水杂宝如意云。领、袖镶边以石青色绣团鹤团寿字缎为饰，针法细密平匀。这件妆花与刺绣工艺相结合的作品多用晕色并以片金线勾边，色彩鲜艳，工艺讲究，纹饰独特，为清代乾隆的妃嫔所穿的吉服袍。

2. 蝴蝶图案

蝴蝶是美丽、轻盈和自由的象征，在汉服中常用于女子的服饰图案。蝴蝶图案可以展现出女子的柔美、优雅和浪漫情怀。红缎地彩绣花蝶荷包钱袋外观呈椭圆形，上端有一红色系绳，以红色素缎为主要面料，其上用彩色丝线绣出花卉及蝴蝶纹样，并用蓝、白两色丝线沿钱袋绣出边缘，外圈则使用了黑色素缎镶边装饰（图2-43）。

图2-43　红缎地彩绣花蝶荷包钱袋（来源：中国丝绸博物馆）

3. 蝙蝠图案

在中国传统文化中，蝙蝠是福气的象征，因为"蝠"与"福"谐音。因此，蝙蝠图案在汉服中也比较常见，民间常用蝙蝠来象征福运、福气。铜钱有孔，俗称"钱眼"，蝠与钱的组合即为"福在眼前"。通常被用于寓意吉祥、幸福的场合。清代光绪年间的黄色缎串珠绣蝠寿双喜活计如图2-44所示。全套九件，包括荷包一对、烟荷包、褡裢、表套、扇套、槟榔袋、扳指套、眼镜套。明黄色素缎面，串彩色米珠绣"卍"字、红蝠、双喜字、如意云头等，组成完整的万福双喜如意的吉祥图案。活计上用如此多的彩珠绣制丰富的图案，非常鲜见，因为活计的用料面积小，图案设计繁复，又是常在掌中把玩之物，其工艺难度比绣制服装更大。

图2-44　黄色缎串珠绣蝠寿双喜活计

4. 金鱼图案

鱼在中国传统文化中是富饶、繁荣的象征，因为"鱼"与"余"谐音，寓意着年年有余、富足安康。鱼图案在汉服中也比较常见，通常用于女子的裙摆、袖口等处。黑缎衣线绣金鱼水草腰包在使用时系于腰间，以黑色素缎为主要面料，其上用彩色丝线以衣线绣的技法绣出金鱼、水草纹样（图2-45）。

图2-45　黑缎衣线绣金鱼水草腰包
（来源：中国丝绸博物馆）

此外，汉服中还有以十二生肖等动物为题材的图案，这些图案不仅具有装饰作用，还寓意着人们对美好生活的向往和追求。总的来说，汉服中的动物类图案类型繁多，每一种图案都承载着不同的文化内涵和象征意义。

（三）人物类图案

汉服设计中的人物类图案是一种非常独特且富有故事性的设计元素。这些图案通常描绘古代的神话人物、历史人物、文学角色等，通过精细的绘画工艺，将这些人物的形象栩栩如生地呈现在汉服上。以下列举部分常用人物类图案示例。

1. 神话人物图案

汉服设计中使用的神话人物图案有嫦娥、织女、八仙等。这些神话人物在中国传统文化中具有深厚的底蕴和广泛的影响力，他们的形象被巧妙地融入汉服设计中，使得汉服更加富有神秘感和浪漫气息。

2. 历史人物图案

汉服设计中使用的历史人物图案有诸葛亮、关羽、秦始皇等。这些历史人物在中国历史上具有重要地位，他们的形象被精心绘制在汉服上，不仅体现了古代人们的审美观念，也传承了中国的历史文化。

3. 文学角色图案

汉服设计中使用的文学角色图案如《红楼梦》中的贾宝玉、林黛玉等，或《西游记》中的孙悟空、猪八戒等。这些文学角色在中国文学史上具有深远的影响，他们的形象被巧妙地融入汉服设计中，使得汉服更加富有文化内涵和艺术价值。

4. 其他人物类图案

此外，还有一些以仕女、儿童等为主题的人物类图案，这些图案通常描绘古代人们的生活场景和风俗习惯，通过细腻的笔触和生动的形象，展现了古代社会的风貌和人们的精神风貌。比如图 2-46 所示的民国时期的大红缎彩绣人物饰件，共有四件，以大红色素缎织物为底，其上用彩色丝线刺绣出人物纹样，使用了打籽、锁绣等刺绣技法。每件织物绣有手擎花卉的人物 6 个，3 男 3 女，每两件织物为一套，每套的图案基本相同，只在细节及配色上略有差异，用色艳丽，具有强烈的民间色彩。

图 2-46 大红缎彩绣人物饰件（来源：中国丝绸博物馆）

五、配饰设计

汉服中的配饰丰富多样，作为汉服的重要组成部分，不仅能够增添服装的华丽感和精致度，更能够提升整体造型的层次感和审美价值。汉服配饰大致包含头饰、颈饰、腰饰、足服几个部分，不同种类配饰的款式各有不同，设计时可尽量复原配饰的原有样式，也可依据其款式特点进行适度的创新。

（一）头饰

汉服设计中的头饰部分，无疑是展现古代人们审美情趣和文化底蕴的重要载体。头饰的样式、材质和制作工艺都极尽精巧，不仅具有装饰作用，更是身份和地位的象征。

从样式上来看，汉服头饰种类繁多，常见的有发簪、发钗、发冠、步摇等。每一种头饰都有其独特的造型和风格，与汉服的整体风格相得益彰。例如，发簪一般较为简单，多为木质或金属制成，形状或圆或扁，有的还镶嵌有宝石或珍珠，显得典雅而高贵（图2-47、图2-48）。发钗则更为华丽，通常为双股交叉的形状，上面装饰有繁复的花纹和珠宝，佩戴在发间宛如绽放的花朵，增添了几分妩媚和娇艳。

图2-47　银镀金嵌珠宝蝴蝶簪

图2-48　金镶宝石蜻蜓簪

明朝万历年间明神宗孝靖皇后的点翠嵌珠石金龙凤冠如图2-49所示。以髹漆细竹丝编制，通体饰翠鸟羽毛点翠的如意云片，18朵以珍珠、宝石所制的梅花环绕其间。冠前部饰有对称的翠蓝色飞凤一对。冠顶部等距排列金丝编制的金龙3条，其中左右两条口衔珠宝流苏。冠后部饰六扇珍珠、宝石制成的"博鬓"，呈扇形左右分开。冠口沿镶嵌红宝石组成的花朵一周。

头饰的材质选择极为讲究。金、银、玉、珍珠等贵重材料被广泛应用于头饰制作中，使得头饰显得华贵而典雅。同

图2-49　点翠嵌珠石金龙凤冠

时，不同材质之间的搭配和运用也体现了古代人们的智慧和匠心。例如，金银的光泽与玉石的温润相结合，既彰显了佩戴者的尊贵身份，又展现了头饰的独特美感。在制作工艺方面，汉服头饰更是体现了古代匠人的高超技艺。无论是花丝镶嵌、錾刻还是点翠等工艺，都需要匠人具备精湛的技艺和丰富的经验。这些工艺的运用不仅使得头饰更加精美绝伦，也体现了古代人对美的追求和敬畏。

（二）颈饰

汉服设计中的颈饰部分种类繁多，包括项链、璎珞等，每一种都各具特色，与汉服相得益彰。

从材质上看，颈饰的选材十分讲究。常见的材质有金、银、玉、珍珠、宝石等，这些贵重材料使得颈饰显得华贵而典雅。同时，不同材质的搭配也体现了古代人的审美智慧，如金银与玉石的结合，既彰显了佩戴者的尊贵身份，又增添了颈饰的温润光泽。在制作工艺方面，颈饰同样展现了高超的技艺。例如，璎珞作为一种古代用珠玉串成的颈饰，其制作过程中需要匠人精心挑选珠子，并巧妙地将其串联成各种复杂的图案（图2-50）。这些图案往往寓意着吉祥、富贵等美好愿望，体现了古代人们对美好生活的向往和追求。

图2-50　黄色缎绣缀砗磲璎珞佛衣

颈饰的设计也体现了古代人的审美观念和文化内涵。不同的颈饰有着不同的造型和装饰风格，如项链的简约大方、璎珞的华丽繁复等。这些设计不仅与汉服的整体风格相协调，更在细节中展现了佩戴者的独特品位和审美情趣。颈饰在汉服文化中还有着特殊的象征意义。在古代社会，颈饰往往被视为身份和地位的象征，不同身份和地位的人所佩戴的颈饰也有所不同。因此，颈饰的选择和佩戴也成为一种社会文化的体现。

（三）腰饰

汉服设计中关于腰饰的部分，可谓是其独特审美和文化内涵的重要体现。腰饰的选材极为丰富，常见的有丝绸、布匹、皮革、金银、玉石等。丝绸腰饰轻盈飘逸，光泽柔和，与汉服的整体风格相得益彰；布质腰饰更显朴素自然，给人以舒适之感；金银玉石等贵重材质的腰饰，则彰显了佩戴者的尊贵身份和华丽气质。这些材质的运用，既体现了古代工匠的巧思妙想，也展现了不同身份、地位和文化背景下人们对美的不同追求。

在腰饰的形制上，更是变化多样。带钩、带玦、带銙等都是常见的腰饰元素。带钩一般为金属制成，形状精美，既有实用价值，又具有装饰作用；带玦是一种环状装饰物，通常挂在腰间，增添了一份雅致；带銙是腰带上的装饰片，其形状和图案各异，既丰富了腰带的视觉效果，也体现了佩戴者的独特品位。此外，腰饰上还经常镶嵌有各种宝石、珍珠等装饰品，使得整个腰饰更加华丽璀璨。这些装饰品的运用，不仅提升了腰饰的观赏价值，也体现了古代人对美的极致追求。

在文化内涵方面，腰饰也承载着丰富的寓意和象征意义。例如，玉佩作为古代最常见的腰饰之一，不仅具有装饰作用，更被视为君子之德的象征（图2-51）。古人认为，玉佩温润光泽，象征着君子的温润如玉；同时，玉佩的碰撞之声清脆悦耳，也寓意着君子言行有度、举止有礼。因此，佩戴玉佩不仅是为了美观，更是为了彰显自己的品德和修养。

图2-51　玉佩

通过对腰饰的材质、形制、装饰和文化内涵的深入了解，我们可以更深刻地领略到汉服文化的独特魅力和博大精深。同时，腰饰作为汉服文化的重要组成部分，也为我们提供了一个了解古代社会、文化和审美观念的重要窗口。

（四）足服

足服作为汉服的重要组成部分，不仅具有保暖和保护足部的实用功能，更是身份、地位和礼仪的象征。具体来说，古代的鞋履种类繁多，如舃、履、屦、屐等。其中，舃是一种双层底的鞋，一般为贵族行大礼时所穿，其色彩和样式与礼服相配，体现了古代礼制的严谨。履是古代男女日常穿的鞋，其材质多样，包括麻、皮、丝等（图2-52）。此外，还有一些特殊的鞋履，如屐，是木履之下有齿者，又称木屐，江南地区常用桐木为底，蒲草为面制作，轻便且适合在泥地、雨雪天行走。

图2-52　红色缎绿镶边云头履

袜作为足服的另一重要组成部分，其历史也颇为悠久。古代的袜子材质多为丝、麻等，制作精细，有的还绣有精美的图案。袜子的穿着不仅具有保暖作用，还能防止鞋履磨损肌肤，体现了古代人对生活细节的关注和追求。

在汉服设计中，足服体现了古代人们的审美观念。例如，鞋履的样式和色彩往往与服饰相协调，形成整体的和谐美感。同时，一些足服上还绣有精美的图案，如凤凰、鸳鸯等，寓意吉祥、美好，既增加了足服的艺术价值，也展现了古代人们的审美追求。此外，足服的设计还体现了古代工艺的智慧。例如，一些鞋履采用编织、刺绣等工艺制作，不仅结实耐用，而且美观大方。这些工艺的运用不仅提升了足服的品质，也丰富了汉服文化的内涵。

第三章
汉服效果图绘制技法

汉服效果图是设计构想的图形化表达，是在理想化的人体造型上对汉服廓形、结构、材质及色彩进行设计想法的展现。效果图不仅是汉服设计进程的重要组成部分，也是汉服流行信息交流的一种有效媒介，具有丰富的艺术情趣和形式美感。绘制汉服效果图需要掌握一定的绘画基础知识与基本表现技法。本章将从汉服效果图手绘技法与电脑绘制技法两个方面展开具体介绍与讲解。

第一节　汉服效果图手绘技法

本节内容侧重汉服效果图的手绘基础技法，围绕"汉服手绘表现"这一主题，以汉服人体与技法表现为重点，系统讲述汉服人体动态、多种材质面料以及汉服形制的手绘表现技法。其中手绘步骤实例和汉服效果图作品提供可借鉴的汉服绘画表现形式与方法。

一、手绘工具与材料

在手绘汉服效果图前，首先要了解并准备好所需要的工具和材料。常用工具主要包括纸张、笔、颜料和辅助材料四大类。绘制时，我们要掌握不同工具的使用方法和性能特点，根据个人喜好和所设计的汉服画面表现需求来优先选择绘画工具。

（一）纸张

1.素描纸

素描纸一般由纯木浆制作而成，纸张洁白、厚净、有纸纹，纸张纤维韧劲强，耐摩擦，不容易起毛，适合铅笔或炭笔等工具进行汉服设计稿的草稿或黑白稿的绘制。

2.水彩纸

市场上的水彩纸品牌种类繁多，画面效果都不尽相同，各有特点，可以从纸张的成分、厚度与纹理来区分。

从纸张的成分来看，主要分为木浆纸与棉浆纸。木浆纸的纤维较短，纸面结实，上色时水分干燥速度快，因此画面笔触与色彩边缘明显，不宜反复叠加涂色。棉浆纸纤维较长，干燥较慢，能够最大限度地呈现出服装画面的层次感与渲染感，是较为理想的效果图用纸。

按纸张的厚度来分，可分为 150g、200g、300g 和 400g，克数越大纸张越厚，可吸收水分越多，稳定性越好。一般情况下，300g 厚度的水彩纸最适合汉服效果图绘制。

按纸张的纹理可分为细纹纸（图3-1）、中粗纹纸（图3-2）与粗纹纸（图3-3）。细纹纸光滑细腻，可刻画精细的线条，中粗纹纸、粗纹纸表面凹凸粗糙颗粒感强，抓色能力更好。由于绘制汉服效果图时需要刻画人物五官与纹样细节，因此细纹纸是最好的选择。

 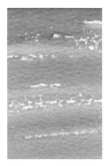 

图 3-1　细纹纸　　　　图 3-2　中粗纹纸　　　　图 3-3　粗纹纸

（二）笔

1. 毛笔

汉服效果图中最常见的上色方式是水彩着色，因此水彩毛笔是不可或缺的上色工具。毛笔可以调和多种颜色，且种类繁多，各有用途。按笔触形态分为圆头、扁圆（猫舌状）、平头和扇形；按笔锋材质分为动物毛与人造毛，动物毛画笔包括羊毛、松鼠毛、狸毛和狼毫（图3-4）。其中羊毛、松鼠

（松鼠毛紫檀木杆）

（松鼠毛竹杆）

（手工狼毫）

图 3-4　动物毛毛笔

毛画笔笔锋较软，笔锋聚拢力与弹性储水量大，一般适合于大面积铺色和背景氛围的渲染；狼毫画笔笔锋聚拢具有弹性，储水量适中，是效果图绘制的首选毛笔。

2. 马克笔

马克笔有油性、水性之分。水性马克笔一般笔头比油性笔略窄，笔中墨水饱满，多数为透明，一般水为溶剂，上色时纸吃色很厉害，因此大部分马克笔都使用防水溶剂墨水，即油性马克笔。根据笔头，马克笔可以分为纤维型笔头和发泡型笔头。纤维型笔头的笔触硬朗、犀利，色彩均匀，适合空间体块的塑造，而发泡型笔头较纤维型笔头更宽，笔触柔和，色彩饱满，更有利于汉服效果图的表现。

3. 勾线笔

勾线笔一般分为硬线笔和软线笔两类。硬线笔包括绘图笔（也称针管笔，笔尖粗细从

0.1~0.9mm）、速写钢笔（弯尖钢笔）、圆珠笔等；软线笔常用的有硬质（狼毫）的叶筋衣纹笔，毛锋长且便于勾线。另外常用于画草稿的专业铅笔（软硬适中的HB）和彩色铅笔也常作为勾线笔使用。

（三）颜料

颜料主要分为两大类：第一类是覆盖力较弱的薄而透明的颜料，以水彩颜料为主；另一类是覆盖力较强的不透明颜料，主要有水粉、广告颜料和丙烯等。

1. 水彩颜料

管装水彩（图3-5）、固体水彩（图3-6）是常见的水彩颜料种类。管装水彩随挤随用，不用担心色彩会氧化发灰；固体水彩价格较高，颜色更为浓缩，便于携带。水彩颜料的特性包括通透性（透明度）、延展性和稳定性。通透性、延展性和稳定性越强，则色彩透明度、扩散度和耐光度越强，水彩颜料的品质越好。

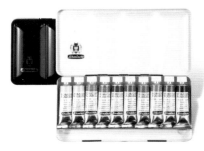 

图3-5　管装水彩　　　　　　　　图3-6　固体水彩

汉服传统颜色与日常服装用色略有区别，配色或明亮丰富或清新雅致（图3-7），是汉服水彩效果图常用色。

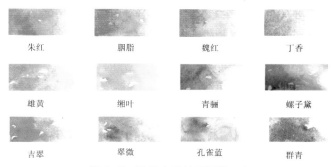

图3-7　汉服水彩效果图常用色

2. 水粉

水粉具有覆盖性，以水作为媒介，其颜色的干湿变化较大，可以画出酣畅淋漓的效果，但其颜色并不像水彩画那样透明，而是处在不透明和半透明之间。目前市场上有很多水粉颜料品牌，如米娅、青竹、马利和文萃等。这些品牌的水粉颜料各有特点，米娅使用嵌入式果冻杯装，直接替换，非常方便；青竹的颜料干后显色较灰；马利、文萃性价比高，更适合初学者练习使用。

（四）辅助材料

汉服的纹样精细，在绘制效果图时除了需要纸、笔、颜料外，还需要一些辅助性工具增强画面精致感与层次感，例如特殊色、遮盖液与媒介剂等。由于水彩的特性，其遮盖力较差，上色顺序由浅至深，高光区域需预留，若留白区域精细繁多则需要留白胶（图 3-8）预先遮盖。精细纹样部分需要用到白墨水等媒介增强其遮盖度，装饰部分有时也会使用金银粉（图 3-9）进行提亮。

图 3-8　留白胶　　　　　　　　　图 3-9　金银粉

二、手绘效果图表现技法

汉服人体动态与材质表现是汉服效果图的绘制难点。其中人体比例与动态是初学者的常见难点，主要的解决方法是多进行范本的临摹练习。到了进阶学习阶段，细节表现与材质表现会成为主要的难点。

（一）汉服人体动态的表现

汉服设计是对于汉服穿着在人体之后的状态的设计，而人体作为贯穿整个设计过程的主体，无疑成为汉服设计学习中非常重要的因素。因此，学习人体的基本比例与形态艺术表现方式是绘制汉服效果图的必要条件。

1. 汉服人体动态的绘制

为了更好展现汉服特征，在绘制汉服效果图时可对人体比例形态与结构进行简化与夸张，通常会使用 8.5 头身人体，使画面整体纤细唯美。同时还需要了解人体动态的形成原理，人体动态的形成主要是由躯干部分的肩膀和骨盆倾斜变化而决定的。当人体的重心从一侧移向另一侧时，躯干支撑人体重量的一侧髋部抬起，骨盆向不承受重量的一侧倾斜，肩膀则向身体承受重量的一侧放松，因此肩线和髋线出现了倾斜度。简而言之，肩线和髋线不同角度的变化是构成人体各种动态的基本法则。

汉服通常遮盖人体面积较大，绘制效果图时往往需要较为夸张的动态来表现，而人体的动态表现正是效果图绘制中的进阶难点。理想的效果应该是比例恰当与动态的适度夸张并重，其关键是要掌握"一点四线"，一点即颈窝点，四线即重心线、中心线、肩线和髋线。具体绘制步骤如下。

步骤一：以头长为单位，用直尺由上而下平行地画出9行格子。在第二格2/1处画一条肩线辅助线，以及标明肩线、腰线、趾骨点、膝关节和踝关节的位置（图3-10）。

步骤二：画出头和颈部的关系，再确定颈窝点和肩斜线的位置。由颈窝点引一条垂直线（重心线）至踝关节线上，根据人体动态再从颈窝点画出人体的动态线（中心线），根据动态线画出胸腔和盆腔的轮廓（图3-11）。

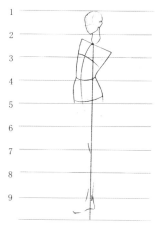

图3-10　汉服人体动态的绘制步骤一　　图3-11　汉服人体动态的绘制步骤二

步骤三：根据动态和重心线的位置，画出承受重力的腿、脚的位置，这里注意需要先画承重多的一条腿（图3-12）。

步骤四：确定手、肘关节的位置用弧线连接胸腔、盆腔和四肢，并画出乳房的形状，注意左右乳房及双脚的方向和透视关系。全部绘制完成后即可在人体基础上套画汉服的款式（图3-13）。

图3-12　汉服人体动态的绘制步骤三　　图3-13　汉服人体动态的绘制步骤四

2. 汉服人体动态模板

汉服效果图人体动态相较于普通人体动态更多了一些伸展和弯曲的动作，以此来充分展现汉服的独特美感。本部分列举了三个汉服动态模板（图 3-14 ~ 图 3-16），方便初学者临摹练习。

图 3-14　汉服动态模板一　　　图 3-15　汉服动态模板二　　　图 3-16　汉服动态模板三

（二）色彩的表现技法

1. 薄涂表现技法

薄涂法和厚涂法是汉服效果图的两种基本表现技法。薄涂法以水彩、透明水色等透明原料为主要上色颜料。水彩颜料色粒很细，能创作出水印效果，色彩层次变化丰富，透明度高，任何一种单色都有从浓到淡多种色调可供选择。其覆盖力弱但渗透力强，既可以大面积平涂，也可以精致刻画面部与汉服纹样细节等，可通过晕染等方法使画面层次丰富，灵动清晰。薄涂法既适合表现汉服丝纱等轻薄柔软的织物（图 3-17），也适合表现挺括且具有光泽感的织物（图 3-18）。

图 3-17　轻薄柔软织物　　　　　图 3-18　光泽感织物

在使用水彩颜料时，应注意水分的把握和笔触的运用。为了保持水彩薄而透明的感觉，在需要提亮颜色时，尽量用水而不是白墨水来调和颜料。着色时要反复斟酌，果断下笔，一气呵成。可以根据汉服结构和画面的需要适当留出飞白，切忌多次涂改。

2. 厚涂表现技法

厚涂法是以水粉、油画，丙烯等为颜料，以水粉笔、油画笔为主要工具的表现方法。厚涂法覆盖力强，适用性广，多用于表现汉服冬袄厚重且肌理突出的面料。在汉服效果图绘制中，水粉可厚可薄，适用于涂绘平整浓厚色彩，其色彩浓烈扎实、富于表现力，既可以摒弃明暗关系，通过色块平涂的方法使画面具有强烈的装饰性和感染力，也可以通过适当的光影飞白强化效果图的立体感，使画面轻松而写意。

3. 马克笔表现技法

马克笔以其色彩饱满、使用方便快捷等特点被广泛应用在效果图和草图的绘制中，它可以用来快速表达设计构思，色彩丰富且注目力强，用马克笔可快速画出色彩丰富的涂层效果。其技法讲究笔触的排列与穿插，运笔肯定果断，笔触大多以排线为主，画时运用排笔、点笔、跳笔、晕化和留白的方法增加画面活泼感。运用马克笔表现衣服阴影和图案时，应本着"先浅后深"的着色顺序，多色重叠会造成画面的脏浊，一般情况下在两色重叠后，可用彩色铅笔继续加深阴影，或使用白墨水提亮高光，还可以与水彩钢笔结合使用丰富画面效果。

4. 彩铅表现技法

彩铅色彩柔和，质地细腻，使用便捷，是一种容易掌握的手绘工具。由于可削成很细的笔尖，因此在绘制细节方面效果极佳，例如用于绘制汉服的正面衣缝、系带及脸部与头发上阴影和细节，运用过程中笔的轻、重、缓、急可使线条呈现笔触具有丰富层次感。彩铅色彩繁多，能够绘制丰富的线条与色彩，相对初学者而言是一种易于控制的表现工具。在绘制汉服效果图时，通常采用的方法是用明暗法表现，借助明暗素描手法来表现人体和衣着效果，上肤色笔触要细腻，体现出明暗的层次变化；头发色彩要表现出头发蓬松感。彩铅颜色可以和马克笔颜色很好地融合在一起，可以用它们来进行调整或与其他颜色混合画出阴影。

彩铅分为普通彩铅和水溶性彩铅两种。普通彩铅的性能与绘图铅笔基本一致，用笔讲究层次关系，可以运用虚实笔迹的不同进行细节勾勒和整体涂抹，注重多种颜色的混合使用，在统一的色调中寻求丰富的色彩变化。水溶性彩铅在普通彩铅的基础上加入了水彩的性能，因此在需要强调色彩效果时，可以将水渗入已画好的彩铅中，按照作者的意图任意晕染以得到虚实交替的层次感和真实生动的画面效果，准确地表现汉服的造型和面料质感。

（三）面料质感的表现技法

1. 丝（缎、纱）类面料表现技法

丝类面料，一般指的是蚕丝面料，也被称为真丝面料，源自天然蚕茧或人工合成的丝质纤

维，以其独特的光泽、柔软的手感以及优良的透气性著称。这类面料不仅穿着舒适，还具有良好的吸湿性和保暖性，是时尚与实用的完美结合。

纱类面料是汉服夏装的常见真丝面料，其面料飘逸轻盈，光泽度柔和，因此在绘制时需要表现出面料清透质感。纱类面料的绘制方法如下。

步骤一：使用果断明确的长直线绘制线稿，同时注意纱料织物的层叠关系，线稿清晰明确（图3-19）。

步骤二：用水彩平涂法薄铺一层底色，注意色彩的浓淡变化，控制水量使颜色过渡自然，增强画面灵动感（图3-20）。

步骤三：待画面干燥时添加暗面影调，加强层次，充分表现纱质面料的透明感，上色时切勿反复涂抹（图3-21）。

步骤四：使用勾线水彩笔深入勾画外轮廓与层次细节，注意疏密节奏，同时刻画装饰纹样图案（图3-22）。

图3-19　纱类面料　　　　图3-20　纱类面料　　　　图3-21　纱类面料　　　　图3-22　纱类面料
　　绘制步骤一　　　　　　　绘制步骤二　　　　　　　绘制步骤三　　　　　　　绘制步骤四

缎类面料华美细腻，质感爽滑，悬垂性好，光泽度佳，但易折皱，其褶皱因人体活动和受光会产生明显的光影效果，折叠关系也因面料特性产生弧形褶皱，这些特点的提炼能准确地表现缎类面料柔软顺滑的独特质感，其绘制方法如下。

步骤一：绘制效果图轮廓，提炼主要褶皱的纹路（图3-23）。

步骤二：薄铺底色，调色时适当增加水分，注意画面节奏，大胆取舍，在褶皱处留出适当飞白高光，使画面生动自然（图3-24）。

步骤三：待画面干燥时，顺着衣料结构走向加深暗部刻画，进一步强调褶皱的阴影部分，表现出缎类面料的顺滑光泽（图3-25）。

步骤四：使用勾线水彩笔布局勾线，增加纹样细节描绘（图3-26）。

2. 棉麻类面料表现技法

棉麻类面料无论从色泽还是质感上都给人以纯朴柔和的印象，以棉麻制成的汉服简单朴素，光洁挺阔，亲肤透气，也易产生褶皱。其绘制方法如下。

图 3-23　缎类面料　　　图 3-24　缎类面料　　　图 3-25　缎类面料　　　图 3-26　缎类面料
　　　绘制步骤一　　　　　　　绘制步骤二　　　　　　　绘制步骤三　　　　　　　绘制步骤四

步骤一：绘制造型线稿，用线需干净果断（图 3-27）。

步骤二：薄铺底色，平涂初步作出明暗关系，注意褶皱处的颜色概括（图 3-28）。

步骤三：统一画面颜色，细致刻画主要褶皱的明暗过渡，突出棉麻类面料光洁质感（图 3-29）。

步骤四：使用勾线水彩笔深入勾画外轮廓与层次细节，刻画装饰纹样图案（图 3-30）。

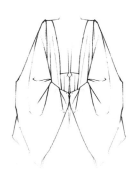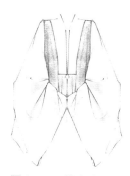

图 3-27　棉麻类面料　　　图 3-28　棉麻类面料　　　图 3-29　棉麻类面料　　　图 3-30　棉麻类面料
　　　绘制步骤一　　　　　　　绘制步骤二　　　　　　　绘制步骤三　　　　　　　绘制步骤四

3. 毛呢类面料表现技法

汉服冬装面料常用毛呢、粗花呢等厚重、垂度好、光泽柔和、表面挺括、有弹性的面料，还有蓬松柔软的人造毛领等合成纤维面料。在表现这类材质质感时，需使用干湿结合画法，具体绘制方法如下。

步骤一：绘制线稿，在毛领处做简化处理，点线带过即可（图 3-31）。

步骤二：铺底色时预留出毛领处空白，只蘸取少量水分润笔，用毛笔笔锋扫出毛领毛感（图 3-32）。

步骤三：趁湿添加衣褶阴影面，由于水彩会有一定的沉淀性，当水分过多时会出现色彩颗粒，处理在画面虚处可增添生动感（图 3-33）。

步骤四：待画面干燥后，使用白墨水勾画毛领边缘层次细节，提亮毛峰肌理（图 3-34）。

图 3-31　毛呢类面料　　　图 3-32　毛呢类面料　　　图 3-33　毛呢类面料　　　图 3-34　毛呢类面料
　　　绘制步骤一　　　　　　　绘制步骤二　　　　　　　绘制步骤三　　　　　　　绘制步骤四

三、汉服效果图手绘案例

（一）唐制汉服效果图手绘案例

　　唐代女子汉服形制搭配有序、层次丰富，且色彩大多艳丽明快、鲜亮奔放，其中最具代表性的便是"齐胸襦裙"，长裙是装饰重心，裙腰提高至胸前，裙长至拖地，裙幅上有细密的褶裥，使得裙身随着行走具有线条的流畅感和裙幅的摆动感。在当时以体态丰腴为时尚的时代，这种形制无论身材丰满还是瘦弱，都能呈现出轻盈雍容的效果。在服饰色彩上，唐代女子汉服也非常注重其美化功能，上下衣裙色彩的搭配更是繁复多样，非常流行红、绿、黄、紫、白这类明度、纯度较高的颜色，呈现出鲜艳明丽的色彩特征。

　　设计绘制唐制汉服效果图时应参考唐代女子汉服的审美意蕴，在丰富独特的形制基础上，多使用鲜艳明丽的撞色配色与精美纹样，尽可能展现唐制汉服的富丽华贵（图 3-35 ~ 图 3-38）。

图 3-35　唐制汉服　　　　图 3-36　唐制汉服　　　　图 3-37　唐制汉服　　　　图 3-38　唐制汉服
　　　绘制步骤一　　　　　　　绘制步骤二　　　　　　　绘制步骤三　　　　　　　绘制步骤四

（二）宋制汉服效果图手绘案例

　　宋代女性服饰不像唐朝女子服饰雍容飘逸，它在继承唐代女性服饰形制的同时，结合自身时代特征又开创了独属于宋的穿衣模式。宋代女性日常上身穿瘦长的窄袖、交领或对襟上衫，下穿各式长裙。其下裙款式与唐朝相近，裙腰降至腰间，裙幅变窄，剪裁得当的精致上衣加长裙披帛，充分体现了宋代女性的精致。在设计绘制宋制汉服时应选用低纯度色，如淡黄色、藕色、淡粉色、墨绿色等以浅色或淡色元素为主的色彩，表现出平淡清雅、洁净自然的质感（图3-39～图3-42）。

图3-39　宋制汉服绘制步骤一　　图3-40　宋制汉服绘制步骤二　　图3-41　宋制汉服绘制步骤三　　图3-42　宋制汉服绘制步骤四

（三）明制汉服效果图手绘案例

明制汉服华丽端庄的风格特征，使其成为当代众多礼仪场合及正式场合中的首选汉服形制。当今明制汉服的上装流行款式主要为袄、衫、披风和比甲，式样繁多，风格多样。下装主要为马面裙，上装、下装不同款式的组合可进行丰富的层次搭配。而圆领袍、大衫霞帔、鞠衣、翟衣这类礼服则常作为婚礼服饰穿用，着装场合的正式性使其外观基本承袭了明代传统礼服形制，多以复原风格出现。明代女子汉服在款式、色彩纹样都具有鲜明的时代特征，为当代明制汉服的色彩设计与搭配提供了丰足的灵感。其色彩继承了传统色，浓郁饱满，在绘制效果图时可多以红色、黄色、蓝色、绿色、青色、白色为主色。且明制汉服纹样寓意丰富，题材多取自自然，因此在绘制效果图时可多动物纹、植物纹、自然气象纹、几何纹等（图3-43～图3-46）。

图3-43　明制汉服绘制步骤一　　图3-44　明制汉服绘制步骤二　　图3-45　明制汉服绘制步骤三　　图3-46　明制汉服绘制步骤四

第二节　汉服效果图电脑绘制技法

汉服效果图电脑绘制与手绘在表现技法上存在显著的区别。电脑绘制汉服效果图更加注重数字技术和软件操作技巧，需要掌握专业的设计软件，通过这些软件可以实现精确的绘制和修改。在绘制过程中，电脑绘制汉服效果图操作便捷，还可以利用软件的强大功能来实现丰富的色彩变化和效果处理，从而大大提高了汉服效果图绘制效率和表现效果的丰富性。现阶段在汉服设计中通用软件主要是 Adobe Photoshop（以下简称 PS），本节以 PS 为例，系统讲解示范汉服效果图电脑绘制技法。

一、PS 基础知识

PS 作为一种图像处理软件，应用非常广泛，特别是在设计行业中发挥着不可替代的作用，它能够帮助设计师厘清设计思路，完善设计内容，将其应用于汉服效果图能够大幅提高绘制效率和质量。在使用 PS 绘制汉服效果图之前，我们需了解其操作的基础知识。

（一）界面构成

默认的 PS 主界面分为 7 个区域（图 3-47）。

图 3-47　PS 主界面

（1）菜单栏。PS 有 12 个主菜单，每个菜单里面都是一系列可以执行的命令。

（2）属性栏。提供对所选工具的详细调整选项，可调节工具的相关参数。每个工具都有其自身的工具选项栏。

（3）工具栏。工具栏是用来设置工具选项的，根据所选工具的不同，工具栏中的内容也不同。分别是选择工具、剪裁和切片工具、图框工具、测量工具、修饰工具、绘画工具、绘图和文字工具、导航工具。

（4）标题栏。当新建一个文件时，从左到右分别显示文件名称、文件格式、窗口缩放比例、颜色模式等信息。

（5）图像显示区。图像显示区是进行绘图的工作和显示的区域。

（6）控制面板区。控制面板区位于 PS 界面的右侧，可设置工具参数和执行编辑命令。

（7）状态栏。状态栏位于工作界面的底部，可以显示编辑文档的缩放比例、文档大小、分辨率、储存进度和当前使用的工具等。

（二）图层认识

图层顾名思义即为图像的层次，可以将图层理解为有图画的胶片一张张按顺序叠放在一起，组合起来形成效果图的最终效果。每个图层都是独立的，对其中一个图层的修改不会影响其他图层，这使得设计师可以在不影响其他部分的情况下，单独绘制或编辑某个元素。

【图层】面板中列出了所绘的效果图中的所有图层、图层组以及添加的图层效果。同时还能显示和隐藏图层、创建新图层及处理图层组（图3-48）。

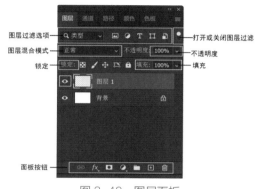

图3-48　图层面板

（1）图层过滤选项。选择查看不同图层类型，可在【图层】面板中快速选择同类图层。

（2）打开或关闭图层过滤。打开之后，才能使用图层过滤选项的功能。

（3）图层混合模式。用于设置图层的混合模式，在下拉菜单中可以选择相应的图层混合模式。

（4）不透明度。用于设置图层的整体不透明度，可在文本框中输入数值，也可单击右侧的按钮拖动滑块调节数值。

（5）锁定。用于保护图层中全部或部分图像内容。

①锁定透明像素按钮▩。单击该按钮，将编辑范围限制在图层的不透明部分，透明部分则不可编辑。

②锁定图像像素按钮◢。单击该按钮，可防止使用绘画工具等改变图层的像素。

③锁定位置按钮✛。单击该按钮，可将图层中对象的位置固定。

④锁定全部按钮🔒。单击该按钮，可将图层全部锁定，该图层将不可编辑。

（6）填充。用于设置图层填充部分的不透明度。

（7）指示图层可见性。用于显示或隐藏区层。默认情况下，图层为可见层，单击该按钮可将图层隐藏。

（8）图层组。可以对图层进行组织管理使操作更加方便快捷。

（9）面板按钮。用于快速设置调节图层，单击不同按钮，可执行不同命令。

①链接图层按钮[图标]。可以将选中的多个图层进行链接。

②添加图层样式按钮 *fx*。单击后出现菜单窗口，可为图层添加不同的图层样式。

③添加图层蒙版按钮[图标]。用于为当前图层添加蒙版。

④创建新的填充或调整图层按钮[图标]。单击后出现子菜单列表，可创建新的填充图层或调整图层。

⑤创建新组按钮[图标]。用于在当前图层的上方创建一个新的图层组。

⑥创建新图层按钮[图标]。用于在当前图层上方创建一个新的图层。

⑦删除图层按钮[图标]。用于将当前图层删除。

（三）常用工具

1. 移动工具

PS 中的移动工具可以移动、复制和重新排列画面中的元素。移动工具主要针对当前"选区"或当前"图层"的内容进行操作，快捷键是"V"。选择工具栏中的移动工具[图标]，在所要操作的对象上单击左键，即可选中当前图层。使用移动工具可移动当前图层中的操作对象，它不仅可以移动所选图像的位置，还可以在不同图层或不同画面中使用。

2. 框选工具

在 PS 中，框选工具是用来创建矩形或椭圆形选区的工具，这些选区可以用于多种编辑操作，如裁剪、复制、粘贴、调整色彩等。框选工具包括矩形、椭圆、单行及单列选框工具，选择相应的工具后，在图像上拖动鼠标即可创建对应的选区。使用框选工具创建选区，拖动鼠标的同时按住 Shift 键，可约束选区的形状。

3. 画笔工具

在使用计算机绘制汉服效果图的过程中，画笔工具是必要的绘图工具。【画笔设置】面板具有重要的作用，不仅能够设置绘画工具的具体绘画效果，还能够设置修饰工具的笔尖种类、大小和硬度等。单击选项栏中切换画笔面板[图标]即可打开画笔设置面板（图 3-49）。

（1）画笔预设。单击该按钮可以打开画笔面板（图 3-50）。

（2）画笔设置。单击画笔设置中的选项，面板中会显示该选项的详细内容，通过设置可以改变画笔的大小及形状。

（3）未锁定。显示未锁定图标时，代表当前画笔的笔尖形状属性为未锁定状态，单击该图标可将其锁定。

（4）选中的画笔笔尖。当前选择的画笔笔尖，四周会显示蓝色边框。

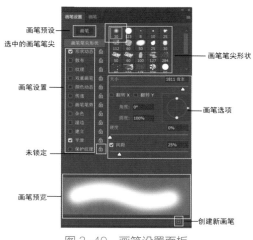

图 3-49　画笔设置面板

图 3-50　画笔面板

（5）画笔笔尖形状。显示预设画笔笔尖选择一个笔尖后，可在画笔预览选项中预览该笔尖的形状。

（6）画笔选项。用来调整画笔的具体参数。

（7）画笔预览。可预览当前设置的画笔效果。

（8）创建新画笔。若对某个预设的画笔进行了调整，单击该按钮，可通过弹出的画笔名称对话框将其保存为一个新的预设画笔。

4. 橡皮工具

橡皮擦工具用于擦除图像颜色。选择工具栏中的橡皮擦工具 ，按住鼠标左键，使用光标经所需要擦除的像素即可。

（1）模式。选择"铅笔"可获得硬边擦除效果，选择"画笔"可获得柔边擦除效果，选择"块"则擦除的效果为块状。

（2）不透明度。设置橡皮擦的擦除强度数值是 100% 时，可一次性涂抹掉画面像素，与画笔的不透明度调节效果一致。

（3）流量。设置橡皮擦的涂抹速度，与画笔的流量效果调节一致。

（4）抹到历史记录。勾选该复选框后，涂抹效果相当于历史记录画笔工具。

5. 色彩选取

前景色和背景色在 PS 中有多种定义方法。前景色决定了使用绘画工具绘制图像的颜色；背景色决定了背景图像区域为透明时所显示的颜色，以及新增画布的颜色。单击前景色或背景色可以打开拾色器面板，任意选取汉服效果图绘制所需的颜色（图 3-51）。

（1）色域 / 选定的颜色。在此处单击鼠标，为前景色或背景色选取颜色。

图 3-51　拾色器面板

（2）颜色滑块。单击并拖动滑块，可以调整颜色范围。

（3）颜色值。可在文本框中直接输入数值来精确设置颜色。

（4）溢色警告。如果当前选择的颜色是不可打印的颜色，则会出现该警告标志。

（5）添加到色板。单击该按钮，可以将当前所设置颜色添加到色板面板中。

（6）颜色库。单击该按钮，可以切换到颜色库对话框中。

二、PS 效果图表现技法

（一）拷贝人体绘制线稿

使用 PS 辅助效果图绘制相较于手绘更加便捷，其人体动态参考人物图片进行拷贝线稿提取即可，通常需要数位板配合绘制，此种方法适合初学者，特别是对人物造型能力较弱者，能帮助快速表达人物动态。具体绘制方法如下。

步骤一：在 PS 中打开参考人物图片，选择汉服效果图合适的动态，尽可能选择能够突出汉服着装表现的人体结构图片（图 3-52）。

步骤二：将参考图片的透明度拖至 50%。同时新建图层放置在素材图上方，命名为"线稿"（图 3-53）。

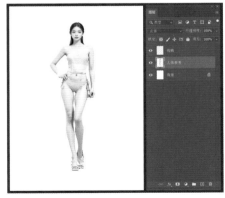

图 3-52　拷贝人体绘制线稿步骤一

图 3-53　拷贝人体绘制线稿步骤二

步骤三：在线稿图层，可根据参考图片，直接拷贝人体造型。可使用画笔工具或钢笔工具清晰描绘（图3-54）。

步骤四：线稿初步拷贝完成后，可根据效果图常用人体比例（8.5头身）美化人体，使效果图更为修长纤细。在线稿图层，选择框选工具，框选大腿至脚跟区域，按住Shift键拉长腿部比例（图3-55），最终效果如图3-56所示。

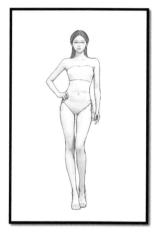

图 3-54　拷贝人体
绘制线稿步骤三

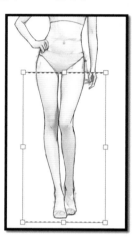

图 3-55　拷贝人体
绘制线稿步骤四

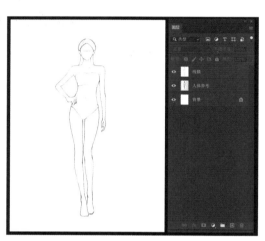

图 3-56　线稿完成图

（二）纹样、面料表现技法

1.PS 纹样表现技法

汉服纹样多以动植物、山水、云纹等为主，其中四方纹样是其重要的表现形式。四方纹样要求图案的单位纹样能向四周反复连续排列，节奏均匀，韵律统一，整体感强。使用PS辅助绘制能够便捷高效地完成纹样表现。绘制步骤如下。

步骤一：新建大小50cm×50cm，分辨率为300像素的文件。文件尺寸取决于花型在实际面料上的比例，背景任意填色，突出每个图案元素即可（图3-57）。

步骤二：新建一文件，文件大小为50cm×50cm，分辨率为300像素，背景为白色，命名为"纹样"，将单个花型元素复制到"纹样"文件中，通过缩放改变方向等进行排列组合，除背景图层，合并剩余所有图层。

步骤三：在菜单栏先将"视图—标尺"勾选，再在"视图—显示—智能参考线"中将智能参考线勾选。从标尺上拉出参考线，拖动参考线至图案的边缘，参考线会自动吸附在图案边缘，此时，根据自己对纹样设计的要求，将图案层拖动至矩形边框的合适位置（图3-58）。

步骤四：在纹样上面用"矩形选框"工具将参考线外的图案框选，点击鼠标右键选择"通过剪切的图层"，这时自动生成一图层，将此图层选中，选择"移动"工具，用Shift+鼠标水平移动将剪切的图层平移到合适的位置（图3-59），确定位置后合并两个图案图层。用同样的方法用"矩形选框"工具将下面图案移至上面合适的位置，确定位置后合并两个纹样图层。新建一个文件，文件大小为51cm×51m，分辨率为300像素，选择"编辑—填充"出现填充对话框，内容选择"图案"，在自定义图案中找到新定义的图案。最后纹样生成的效果如图3-60所示。

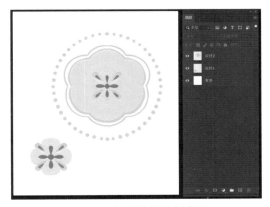

图3-57　汉服纹样绘制步骤一

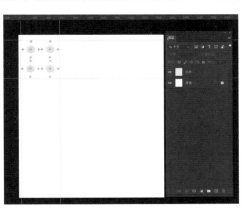

图3-58　汉服纹样绘制步骤三

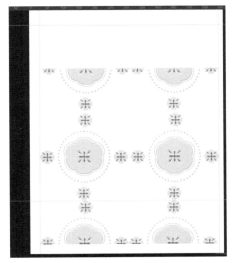

图3-59　汉服纹样绘制步骤四

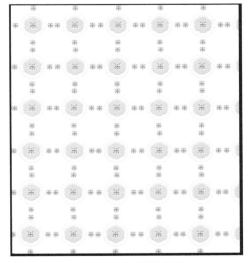

图3-60　纹样完成图

2. 面料质感表现技法

计算机绘制面料质感相较于手绘更加便捷，且效果渲染更加生动，其具体绘制方法如下。

（1）缎类面料表现技法。步骤一：用画笔工具画出线稿。线稿包括轮廓线、内部结构线与褶皱线（图3-61）。

步骤二：用上色笔刷平铺底色，单个图层铺色都要新建图层（图3-62）。

步骤三：用平涂笔刷画阴影，图层模式改为"正片叠底"衣服部分加渐变增加质感，并用涂抹笔刷过渡自然。细化褶皱阴影，同样把图层模式改为"正片叠底"把明暗区分开，在暗面加粉色光，加深褶皱处闭塞增加体积感，并把图层模式改为"滤色"，增强质感（图3-63）。

步骤四：新建"正片叠底"图层，细化高光位置阴影，最后加一层肌理效果，图层模式改为"滤色"（图3-64）。

图3-61　缎类面料　　　图3-62　缎类面料　　　图3-63　缎类面料　　　图3-64　缎类面料
质感表现步骤一　　　质感表现步骤二　　　质感表现步骤三　　　质感表现步骤四

（2）纱类面料表现技法。步骤一：用画笔工具画出线稿。线稿包括轮廓线、内部结构线与褶皱线（图3-65）。

步骤二：使用填充工具对服装颜色进行基础填色，确定整体色调，调整局部明度、对比度和纯度（图3-66）。

步骤三：丰富纱料肌理，突出面料轻薄特征，深入明暗结构（图3-67）。

步骤四：加入汉服设计的细节，在服装上填充设计纹样，进一步刻画面料质感细节，同时要注意整体的虚实关系（图3-68）。

图3-65　纱类面料　　　图3-66　纱类面料　　　图3-67　纱类面料　　　图3-68　纱类面料
质感表现步骤一　　　质感表现步骤二　　　质感表现步骤三　　　质感表现步骤四

（3）毛呢类面料表现技法。步骤一：用画笔工具画出线稿。线稿包括轮廓线、内部结构线与褶皱线（图3-69）。

步骤二：使用填充工具对服装颜色进行基础填色，单个图层铺色都要新建图层（图3-70）。

步骤三：添加服装材料肌理，突出毛呢面料的质感，注意填充时肌理需与动态走向一致（图3-71）。

步骤四：对细节进行深入刻画，强调明暗关系，并注意整体虚实关系（图3-72）。

图 3-69　毛呢类面料　　图 3-70　毛呢类面料　　图 3-71　毛呢类面料　　图 3-72　毛呢类面料
　　质感表现步骤一　　　　质感表现步骤二　　　　质感表现步骤三　　　　质感表现步骤四

三、PS 效果图绘制案例

（一）西汉晚期至新莽时期士人装束绘制

西汉晚期至新莽时期的士人装束，具体到楚服里的深衣，男装与汉服中的深衣相似，但是女装很不一样，曲裾缠绕层数比较多，前襟下摆还会有一个尖角，这大概就是后来袿衣的雏形。图3-73～图3-76 中效果图绘制的是西汉初期的样式，后来西汉中后期的一些文物也证明，男士的服装也出现了类似的结构。

图 3-73　西汉初期士人　　图 3-74　西汉初期士人　　图 3-75　西汉初期士人　　图 3-76　西汉初期士人
　装束绘制步骤一　　　　装束绘制步骤二　　　　装束绘制步骤三　　　　装束绘制步骤四

（二）初唐武周贵族男子便装绘制

隋唐时期，万象更新，前代所流行的袴褶、裙襦在日常生活中已经少见，男子大多选择更加干练、方便的圆领袍衫作为便装。当时的贵族男子在穿着圆领袍衫时，常将领扣解开，形成翻领的效果，露出里衬的花样（图3-77～图3-80）。腰系革带或宝带，挺拔魁梧，别具时代特色。圆领袍衫便于行动，装饰手法多样，可适应于不同场合的穿着需求，在当时广泛流行，对后世的服装发展产生了深远的影响（此效果图绘制造型参考甘肃武威慕容智墓出土服饰实物）。

图 3-77　初唐武周贵族
男子便装绘制步骤一

图 3-78　初唐武周贵族
男子便装绘制步骤二

图 3-79　初唐武周贵族
男子便装绘制步骤三

图 3-80　初唐武周贵族
男子便装绘制步骤四

（三）明代中期仕女装束绘制

明代中期服饰出土的资料较为丰富，此时期的服装在轮廓上，不再流行明前期紧窄上衣与蓬松裙子的搭配，而趋向整体的宽绰垂坠，装饰手法精致而多样，风格婉丽，具有文人气质。图 3-81 ~ 图 3-84 中效果图绘制参考明代中期仕女，其头戴髻，荻鲁之上插戴分心、满冠等各式头面，裹以珠绣额帕，身着衫儿，外罩方领半袖夹袄，下束织金璎珞纹马面裙，显得精致富丽、文雅隽秀。

图 3-81　明代中期仕女
装束绘制步骤一

图 3-82　明代中期仕女装
束绘制步骤二

图 3-83　明代中期仕女
装束绘制步骤三

图 3-84　明代中期仕
女装束绘制步骤四

第四章
汉服结构设计与制版

　　汉服的结构设计与制版是一个复杂而精细的过程，需要经历确定款式、绘制图纸、制版、裁剪与缝制、整烫与包装等一系列流程；同时要考虑多方面因素，包括历史背景、文化传统、审美观念以及穿着需求等。在现代汉服的结构设计与制版中，还需要注意尊重历史和文化传统，避免过度创新和改编；注重服装的实用性和舒适性，满足现代穿着需求；关注细节和工艺，提高服装的品质和价值。只有不断学习传统汉服文化、探索新的汉服设计理念和制作技术手段，才能推动汉服文化的传承和发展。

第一节　上衣下裳制

　　上衣下裳制又称衣裳制，即把上衣和下裳分开来裁剪制作，上身为衣，下身为裳，这是中国最早的服装形制，是汉服体系的第一个款式，"衣裳"一词就来源于此。上衣下裳制相传始于黄帝。古代文献和出土的人形陶器证明，最迟在商代，上衣下裳制已经形成。先秦时期天子大夫参加祭祀等隆重仪式所穿的冕服、玄端，都是典型的上衣下裳形制。秦汉至明末，无论服装如何变化，上衣下裳始终是历代男子礼服的最高形制。可以说黄帝的这个设计，深远地影响了中华民族服装发展的历史走向，且把中国传统的宇宙观、自然观、人文观完美地融合在一起，具有深刻的符号学意蕴。

　　上衣下裳制的特点是上下分开穿着，既方便生活，也便于劳作，所以适应性很强。后世流行的上襦下裙、上袄下裙，普通百姓所穿的上衣下裤，本质上都可以归属到上衣下裳形制中。上衣下裳制是汉服的最早源头，也是汉服最基本和最正统的形制，深衣制、袍衫制都是在上衣下裳的基础上演变发展而来的，是上衣下裳制的变形。

一、袄裙

　　袄裙，作为汉服礼服的一种，其款式结构独特（图4-1）。袄的领型多样，包括直领、竖领等。袖型主要有琵琶袖、直袖和窄袖等。琵琶袖是明制袄裙中常见的袖型，其形状宽大，袖口收窄，形如琵琶。直袖和窄袖则更为简洁。袄的衣身设计考虑到活动方便和穿着美观，通常在衣身两侧开衩，开衩位置一般到胯部，以利于活动。此外，衣身长度通常到及胯部，前后及内片均有"中缝"。

　　袄裙的下裳部分主要是裙装，常见的有马面裙、褶裙等。马面裙是明代女裙的特色之一，由两片分别加工好的裙片组成，依靠裙腰连在一起，但两个裙片只是部分重叠并不直接缝合在一起

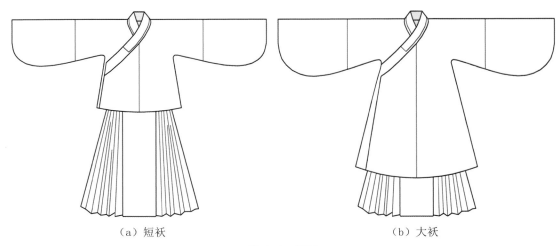

（a）短袄 （b）大袄

图 4-1 袄裙

（图 4-2）。裙片左右两边都不打褶，中间部位打褶，褶子根部缝到裙腰里面，裙腰两端都需缝上系带。马面裙穿法是围合式（汉服里所有的裙子都是围合式），穿上后不打褶的部位是重合的，而打褶的部位会自然发散开，另外褶的数量和尺寸要根据实际腰围来制定。

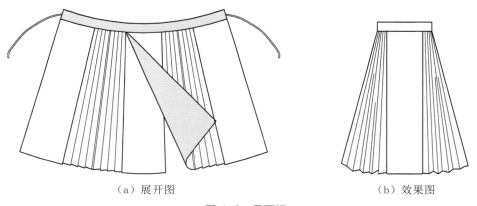

（a）展开图 （b）效果图

图 4-2 马面裙

（一）短袄

短袄尺码如表 4-1 所列。

表 4-1 短袄尺码

规格型号	衣长/mm	成衣胸围/mm	下摆宽度/mm	袖口宽度/mm	通臂长/mm	领口宽度/mm	领缘宽度/mm
155/80A	640	900	560	160	1700	158	65
160/84A	660	940	580	165	1750	162	65
165/88A	680	980	600	170	1800	168	70

规格型号	衣长/mm	成衣胸围/mm	下摆宽度/mm	袖口宽度/mm	通臂长/mm	领口宽度/mm	领缘宽度/mm
170/92A	700	1020	620	175	1850	174	70
175/96A	720	1060	640	180	1900	180	75

以 165/88A 型号为例，结构透视图、展开图以及详细尺寸图如图 4-3 ~ 图 4-5 所示。

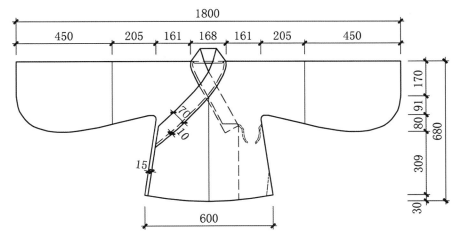

图 4-3　165/88A 短袄结构透视图

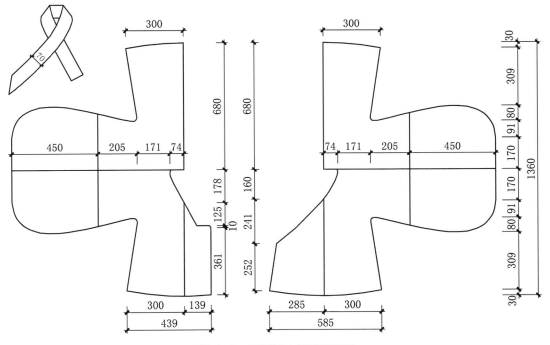

图 4-4　165/88A 短袄展开图

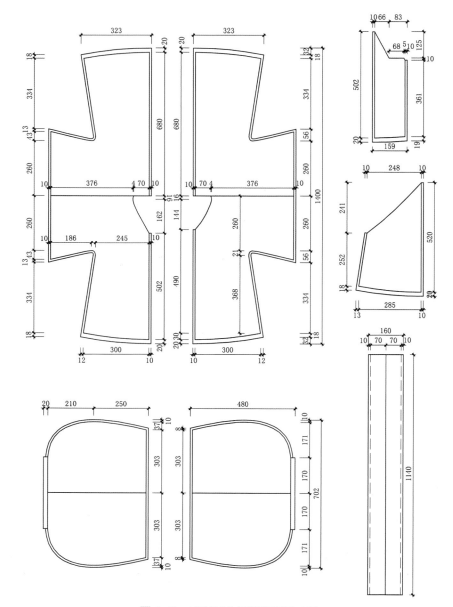

图 4-5　165/88A 短袄详细尺寸图

（二）大袄

大袄尺码如表 4-2 所列。

表 4-2　大袄尺码

规格型号	衣长/mm	成衣胸围/mm	下摆宽度/mm	袖口宽度/mm	通臂长/mm	领口宽度/mm	领缘宽度/mm
155/80A	1095	920	820	170	1850	162	65
160/84A	1130	960	840	175	1900	166	65

规格型号	衣长/mm	成衣胸围/mm	下摆宽度/mm	袖口宽度/mm	通臂长/mm	领口宽度/mm	领缘宽度/mm
165/88A	1165	1000	860	181	1950	172	70
170/92A	1200	1040	880	186	2000	178	70
175/96A	1235	1080	900	192	2050	184	75

以 165/88A 型号为例，结构透视图、展开图以及详细尺寸图如图 4-6 ~ 图 4-9 所示。

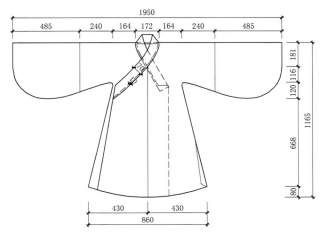

图 4-6　165/88A 大袄结构透视图

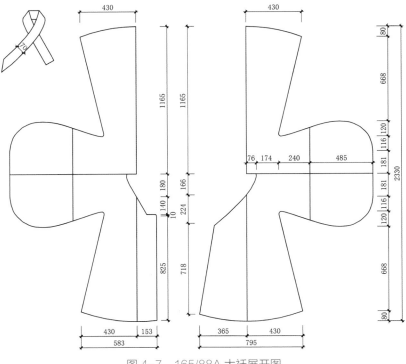

图 4-7　165/88A 大袄展开图

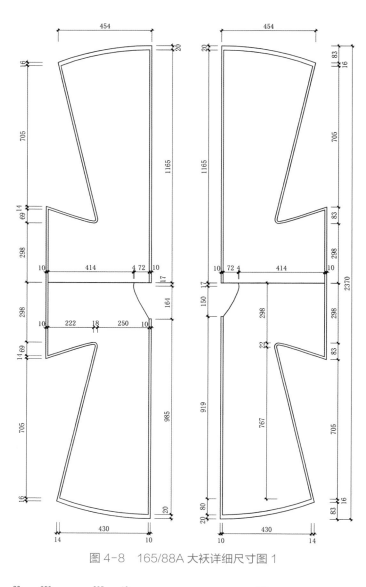

图 4-8　165/88A 大袄详细尺寸图 1

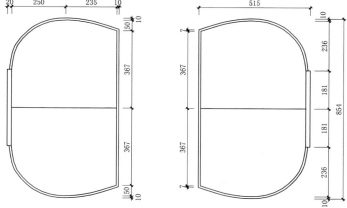

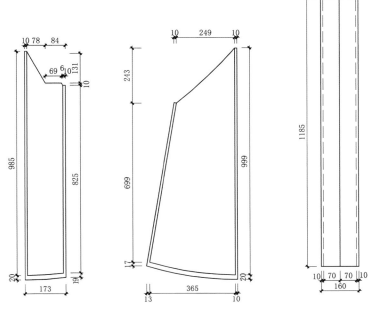

图 4-9　165/88A 大袄详细尺寸图 2

（三）马面裙

马面裙尺码如表 4-3 所列。

表 4-3　马面裙尺码

规格型号	裙长/mm	基准腰围/mm	成衣腰围/mm	裙腰宽度/mm
155/64A	980	640	660	65
160/68A	1010	680	700	65
165/72A	1040	720	740	65
170/76A	1070	760	780	65
175/80A	1100	800	820	65

以 155/64A 型号为例，先准备如图 4-10 所示两块布料。将两块布料缝合到一起，布料边缘要收边，最顶端除外（图 4-11）。按图 4-12 中的尺寸折叠打褶。对折方法放大如图 4-13 所示。

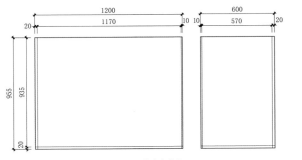

图 4-10　布料准备 1

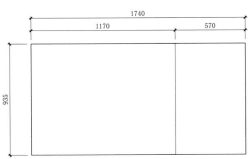

图 4-11　布料准备 2

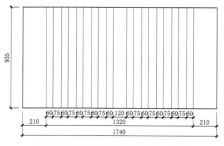

图 4-12　布料折叠打褶尺寸图

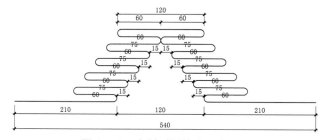

图 4-13　布料对折放大示意

折叠后的布料如图 4-14 所示。同样的方法再做一片图 4-14 中的裙片。两片重叠，并准备好裙腰、系带（图 4-15）。

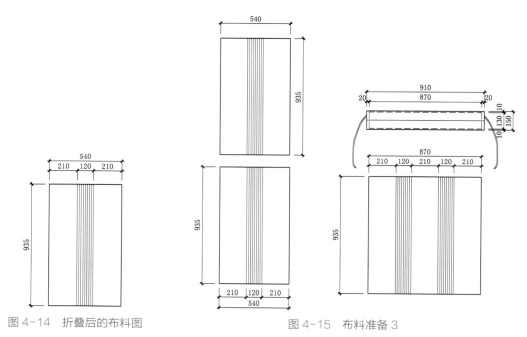

图 4-14　折叠后的布料图

图 4-15　布料准备 3

裙腰对折后，将两个裙片上端缝到裙腰里收 2cm，制作完成（图 4-16）。

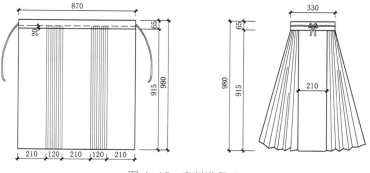

图 4-16　布料准备 4

以 165/72A 型号为例,结构图、折叠放大如图 4-17~图 4-19 所示。

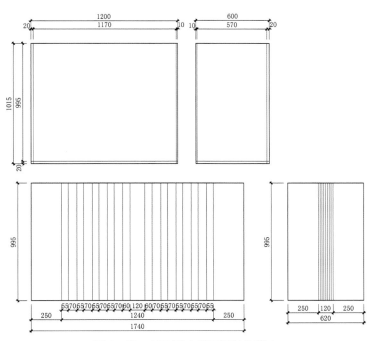

图 4-17　165/72A 马面裙结构图 1

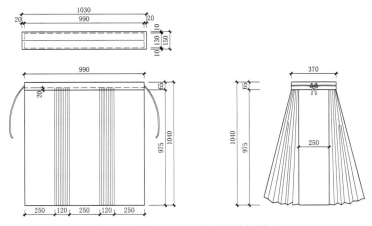

图 4-18　165/72A 马面裙结构图 2

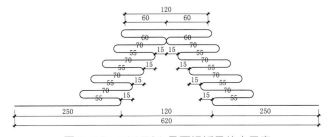

图 4-19　165/72A 马面裙折叠放大示意

二、襦裙

襦裙的上衣部分即襦，通常采用短款设计。襦的袖型也有多种变化，既有宽袖的设计，展现出优雅飘逸的风姿，也有窄袖的款式，显得更为利落干练。在细节方面，襦的腰部通常设计有腰线，以凸显女性的身材曲线。同时，襦的长度一般到腰部或稍长一些，刚好能够覆盖住腰部，展现出女性的婀娜身姿（图4-20）。

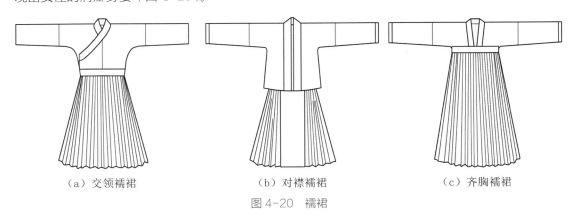

（a）交领襦裙 　　　　　　（b）对襟襦裙 　　　　　　（c）齐胸襦裙

图4-20　襦裙

（一）交领上襦

交领上襦尺码如表4-4所列。

表4-4　交领上襦尺码

规格型号	衣长/mm	成衣胸围/mm	下摆宽度/mm	袖口宽度/mm	通臂长/mm	领口宽度/mm	领缘宽度/mm
155/80A	580	900	450	190	1580	158	60
160/84A	600	940	470	195	1630	162	60
165/88A	620	980	490	200	1680	168	60
170/92A	640	1020	510	205	1730	174	65
175/96A	660	1060	530	215	1780	180	65

以165/88A型号为例，结构透视图、展开图以及详细尺寸图如图4-21～图4-23所示。

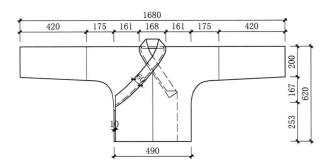

图4-21　165/88A 交领上襦结构透视图

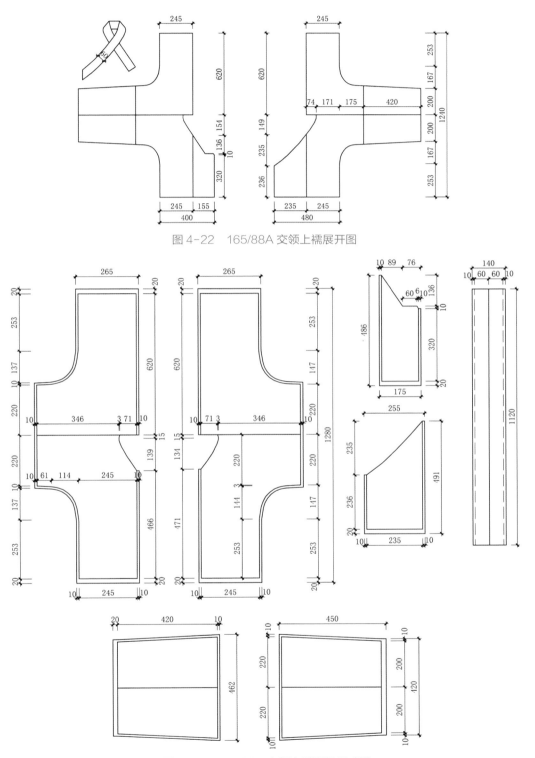

图 4-22　165/88A 交领上襦展开图

图 4-23　165/88A 交领上襦详细尺寸图

（二）对襟上襦

对襟上襦尺码如表4-5所列。

表4-5　对襟上襦尺码

规格型号	衣长/mm	成衣胸围/mm	下摆宽度/mm	袖口宽度/mm	通臂长/mm	领口宽度/mm	领缘宽度/mm
155/80A	640	920	520	190	1580	156	65
160/84A	660	960	540	195	1630	162	70
165/88A	680	1000	560	200	1680	166	70
170/92A	700	1040	580	210	1730	172	75
175/96A	720	1080	600	215	1780	176	75

以165/88A型号为例，结构透视图、展开图以及详细尺寸图如图4-24～图4-26所示。

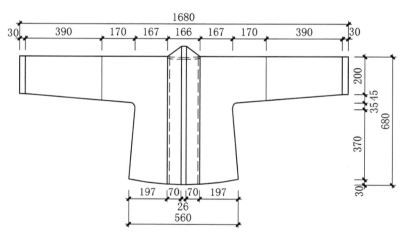

图4-24　165/88A对襟上襦结构透视图

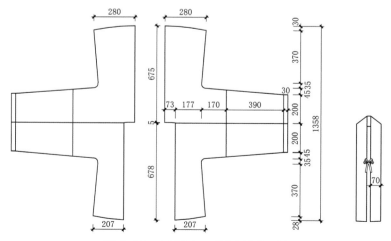

图4-25　165/88A对襟上襦展开图

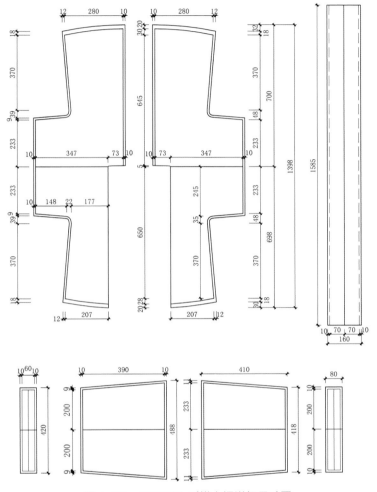

图 4-26　165/88A 对襟上襦详细尺寸图

（三）齐胸襦裙

齐胸襦裙尺码如表 4-6 所列。

表 4-6　齐胸襦裙尺码

规格型号	衣长/mm	成衣胸围/mm	下摆宽度/mm	袖口宽度/mm	通臂长/mm	领口宽度/mm	领缘宽度/mm	下裙长度/mm
155/80A	520	920	520	190	1580	170	45	1170
160/84A	540	960	540	195	1630	176	50	1210
165/88A	560	1000	560	200	1680	180	50	1250
170/92A	580	1040	580	210	1730	186	55	1290
175/96A	600	1080	600	215	1780	190	55	1330

以 165/88A 型号为例，结构透视图、展开图以及详细尺寸图如图 4-27 ~ 图 4-29 所示。

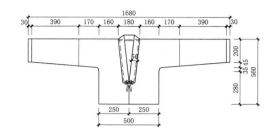

图 4-27　165/88A 齐胸上襦结构透视图

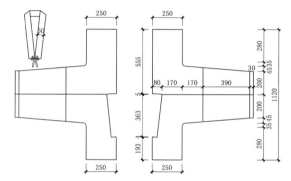

图 4-28　165/88A 齐胸上襦展开图

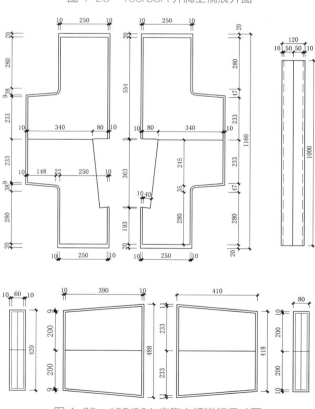

图 4-29　165/88A 齐胸上襦详细尺寸图

（四）褶裙

褶裙各规格裙长分别为：155/64A 为 980mm，160/68A 为 1010mm，165/72A 为 1040mm，170/76A 为 1070mm，175/80A 为 1100mm。

1. 褶裙制作案例 1

以 155/64A 褶裙为例，准备如图 4-30 所示三块布料。

图 4-30　褶裙制作 1

将三块布料缝合到一起，布料边缘要收边，最顶端除外（图 4-31）。

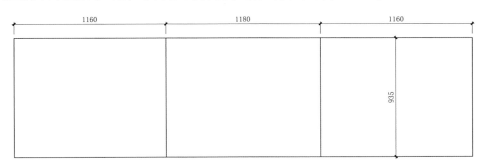

图 4-31　褶裙制作 2

按图 4-32 尺寸折叠打褶。

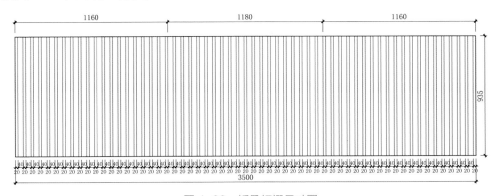

图 4-32　折叠打褶尺寸图

打褶尺寸放大图见图 4-33。

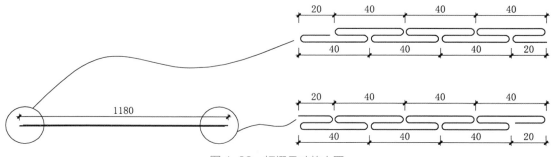

图 4-33　打褶尺寸放大图

打褶好裙片，并准备好裙腰（图 4-34）。

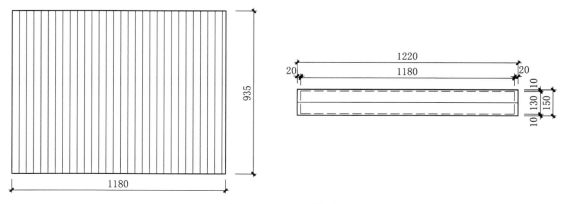

图 4-34　褶裙制作 3

裙腰对折，将裙片上端缝到裙腰内 2cm，加上系带（图 4-35）。

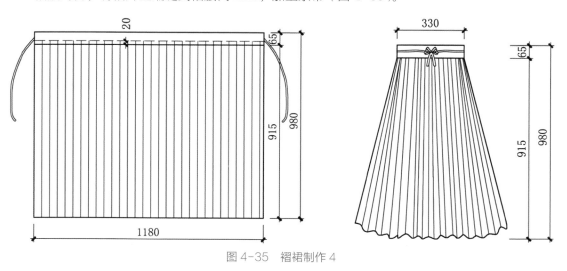

图 4-35　褶裙制作 4

165/72A 褶裙结构图如图 4-36 所示。

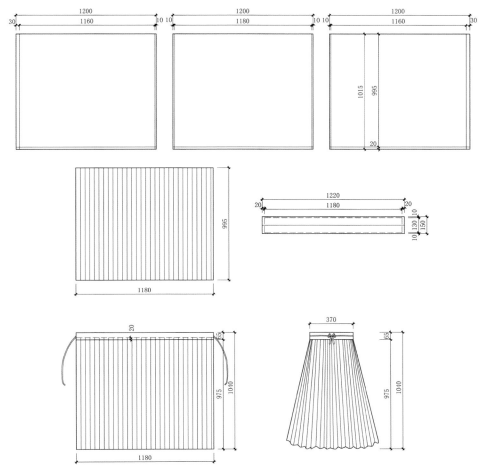

图 4-36　165/72A 褶裙结构图

2. 褶裙制作案例 2

以 155/64A 褶裙为例，准备如图 4-37 所示三块布料。

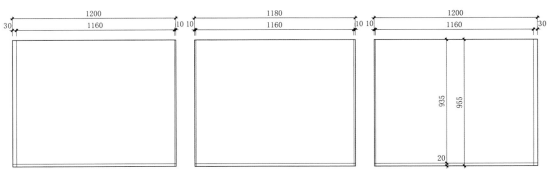

图 4-37　褶裙制作布料准备 1

将三块布料缝合到一起，布料边缘要收边，最顶端除外（图4-38）。

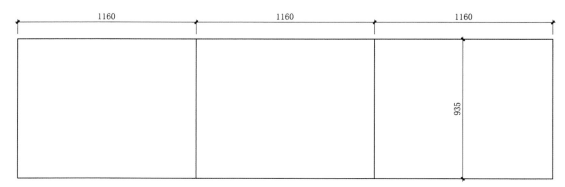

图4-38　褶裙制作布料准备2

按图4-39尺寸折叠打褶。

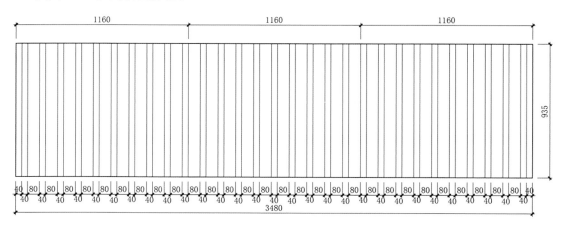

图4-39　折叠打褶尺寸图

打褶尺寸放大图见图4-40。

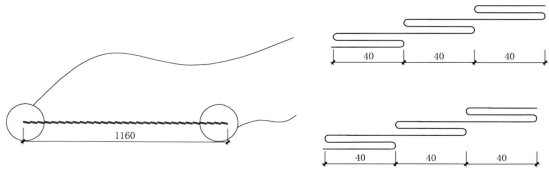

图4-40　打褶尺寸放大图

打褶好裙片，并准备好裙腰（图4-41）。

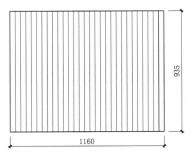
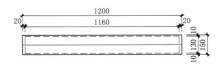

图 4-41 褶裙制作布料准备 3

裙腰对折，将裙片上端缝到裙腰内 2cm，加上系带（图 4-42）。

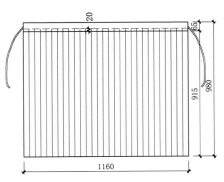

图 4-42 褶裙制作布料准备 4

165/72A 褶裙结构图如图 4-43 所示。

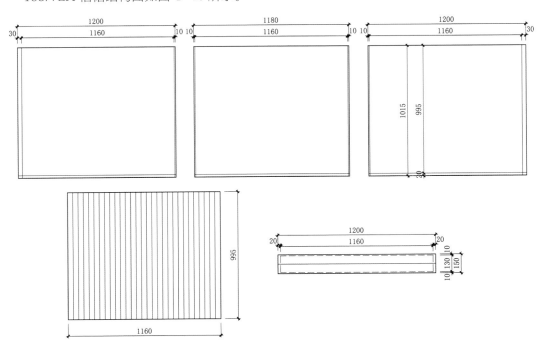

图 4-43

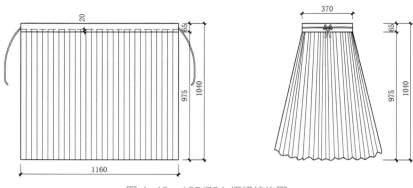

图 4-43　165/72A 褶裙结构图

3. 齐胸下裙

以 155/64A 齐胸下裙为例，准备如图 4-44 所示三块布料。

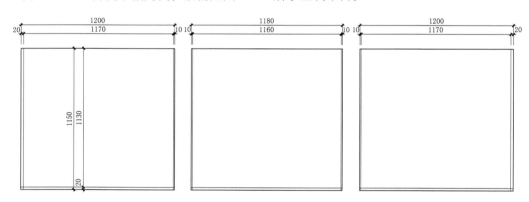

图 4-44　齐胸下裙制作 1

将三块布料缝合到一起，布料边缘要收边，最顶端除外，按尺寸折叠打褶（图 4-45）。

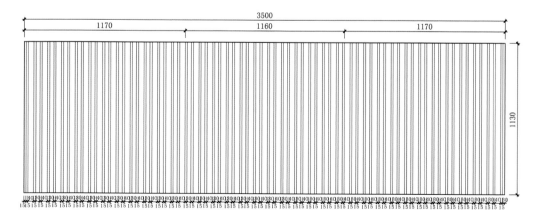

图 4-45　齐胸下裙制作 2

打褶尺寸放大图见图 4-46。

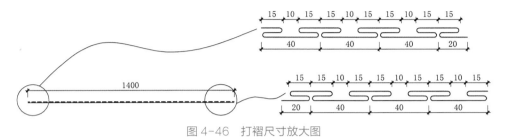

图 4-46　打褶尺寸放大图

准备好裙腰（图 4-47）。

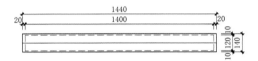

图 4-47　齐胸下裙制作 3

打褶后的裙片如图 4-48 所示。

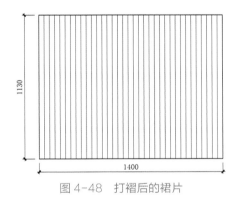

图 4-48　打褶后的裙片

裙腰对折，将裙片上端缝到裙腰内 2cm，加上系带，便完成了（图 4-49）。

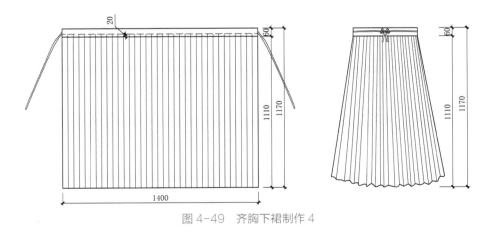

图 4-49　齐胸下裙制作 4

165/72A 齐胸下裙结构图如图 4-50 所示。

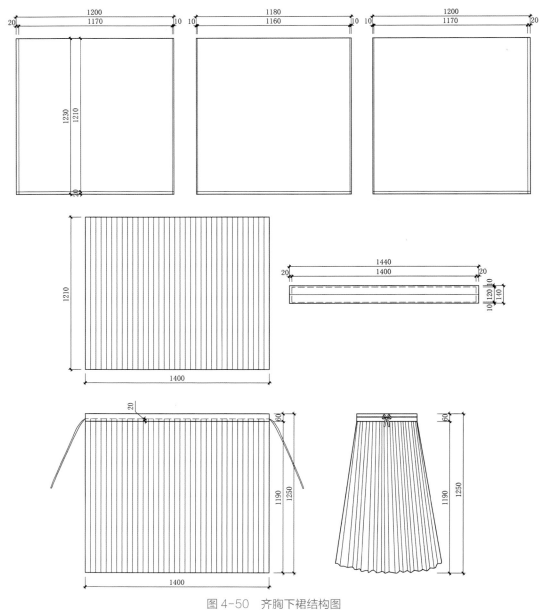

图 4-50　齐胸下裙结构图

三、短褐

短褐又称裋褐、短打、竖褐，是汉服中最基本最古老的款式之一，源于上衣下裳的古制（图 4-51）。短褐的款式结构体现了其作为劳动人民日常穿着的实用性和简约性。其长度一般在臀部和膝盖之间，这一设计使得短褐既能够覆盖住身体的主要部分，又不会过于冗长，方便日常劳作和活动。短褐的袖型多为窄袖，这也是为了方便劳动者进行各种动作，防止袖子在劳作时造成不便。此外，短褐的领口和衣襟设计也较为简洁，没有过多的装饰，凸显出其朴素实用的特点。在面料上，短褐通常采用粗麻或兽毛编织的粗布制成，这种面料既耐磨又透气，非常适合劳动人民在日常劳作中穿着。

短褐的穿着者主要是社会下层人士，包括仆役等。因此，短褐在款式和面料上的选择都体现了其实用性和经济性，是劳动人民日常生活中不可或缺的一部分。

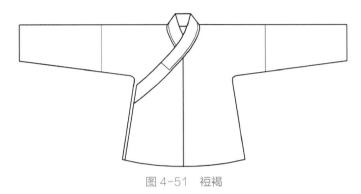

图 4-51　裋褐

裋褐尺码如表 4-7 所列。

表 4-7　短褐尺码

规格型号	衣长/mm	成衣胸围/mm	下摆宽度/mm	袖口宽度/mm	通臂长/mm	领口宽度/mm	领缘宽度/mm
165/88A	755	100	630	195	1690	168	70
170/92A	780	1040	650	200	1740	174	70
175/96A	805	1080	670	205	1790	180	75
180/100A	830	1120	690	210	1840	186	75
185/104A	855	1160	710	220	1890	194	75

以 175/96A 型号为例，结构透视图、展开图以及详细尺寸图如图 4-52 ~ 图 4-54 所示。

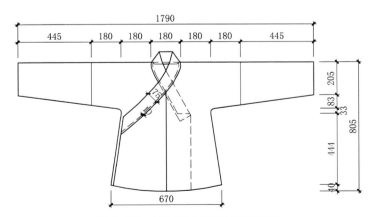

图 4-52　175/96A 短褐结构透视图

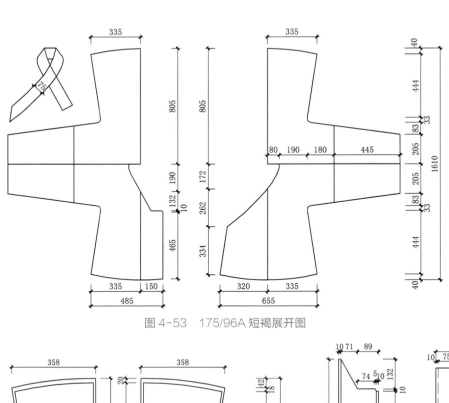

图 4-53　175/96A 短褐展开图

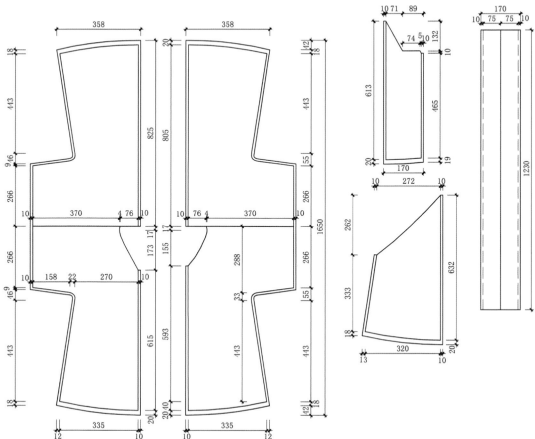

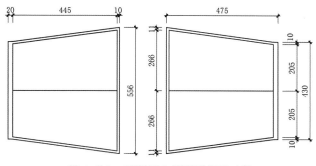

图 4-54　175/96A 短褐详细尺寸图

四、曳撒

　　曳撒是明代服饰之一，自元代辫线袄演变而来，但由于本身是交领，且长期融入汉化元素所以仍属于汉服体系（图 4-55）。曳撒的形制很特别，前身分裁，从前面看上衣较短，与带褶子的下裳在腰部相连接；后身通裁，也就是后背部分的布料上下方向是通长的，后背部分较长，长度等于前衣长加下裳长度，和其他长衣一样无褶；两侧有摆，而曳撒的摆也称"耳"。曳撒多为明代武官或皇室成员所穿，可用作骑射服，锦衣卫官员的主要制服之一便是曳撒。曳撒的面料颜色一般为红色、蓝色、墨绿等，可绣蟒、飞鱼、斗牛等图案。

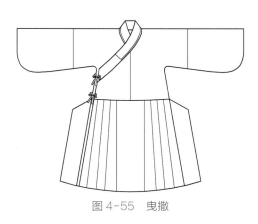

图 4-55　曳撒

　　本部分的曳撒图纸省去了分解后的详图，因此实际裁剪时，要注意各部位的接口处和收口处的布料预留。下裳部分需按下面的示意图和各型号尺寸进行折叠，上衣部分未注明的细节可参照直裰的详图。

　　曳撒尺码如表 4-8 所列。

表 4-8　曳撒尺码

规格型号	前衣长/mm	下裳长/mm	成衣胸围/mm	袖口宽度/mm	通臂长/mm	领口宽度/mm	领缘宽度/mm
165/88A	570	710	1000	195	1710	168	70
170/92A	585	735	1040	200	1760	174	70
175/96A	600	760	1080	205	1810	180	75
180/100A	615	785	1120	210	1860	186	75
185/104A	630	810	1160	220	1910	194	75

　　以 175/96A 型号为例，缝制示意图、结构透视图、展开图以及详细尺寸图如图 4-56 ～图 4-59 所示。

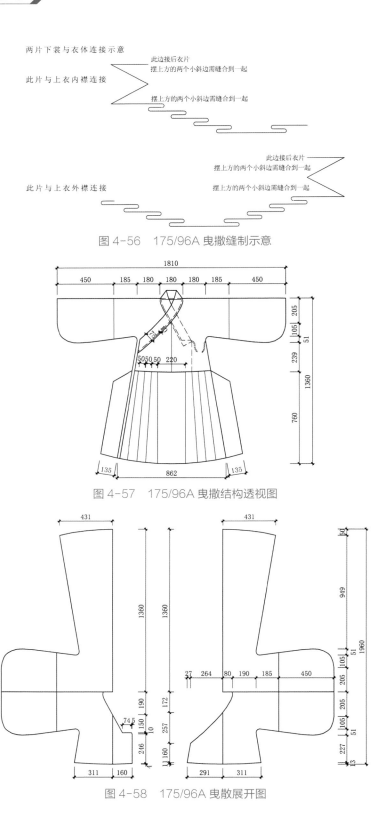

两片下裳与衣体连接示意

此片与上衣内襟连接

此边接后衣片
摆上方的两个小斜边需缝合到一起

摆上方的两个小斜边需缝合到一起

此边接后衣片
摆上方的两个小斜边需缝合到一起

此片与上衣外襟连接

摆上方的两个小斜边需缝合到一起

图 4-56　175/96A 曳撒缝制示意

图 4-57　175/96A 曳撒结构透视图

图 4-58　175/96A 曳散展开图

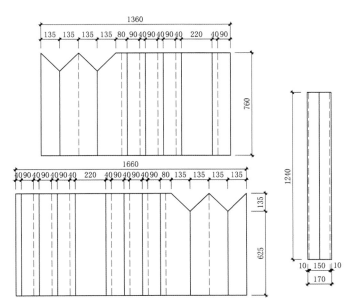

图 4-59　175/96A 曳散详细尺寸图

五、女式盘领

圆领的外衣最初并不是汉族服饰，是在中国北方十六国时期（当时南方是东晋政权）传入的新型服饰，在隋唐之后便在中国完全普及了。不过这种服饰经过长期演变已完全汉化，也因此成为汉服体系中不可缺少的一种重要样式。

盘领大袄可做女子的礼服，一般为琵琶袖或广袖，衣长和前面介绍的大袄差不多，两侧需要开裉，下身搭配马面裙或褶裙（图 4-60）。制作精美的红色盘领大袄，可做女子的嫁衣，下身配红裙。

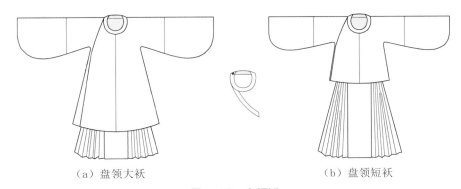

（a）盘领大袄　　　　　　　　　　　（b）盘领短袄

图 4-60　盘领袄

（一）盘领大袄

盘领大袄尺码如表 4-9 所列。

表 4-9　盘领大袄尺码

规格型号	衣长/mm	成衣胸围/mm	下摆宽度/mm	袖口宽度/mm	通臂长/mm	领内尺寸/mm	领缘宽度/mm
155/80A	1095	920	820	170	1850	156×150	35
160/84A	1130	960	840	175	1900	160×155	35
165/88A	1165	1000	860	181	1950	166×160	35
170/92A	1200	1040	880	186	2000	170×165	35
175/96A	1235	1080	900	192	2050	176×170	35

以 165/88A 型号为例，结构透视图、展开图以及详细尺寸图如图 4-61～图 4-64 所示。

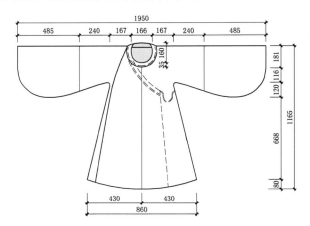

图 4-61　165/88A 盘领大袄结构透视图

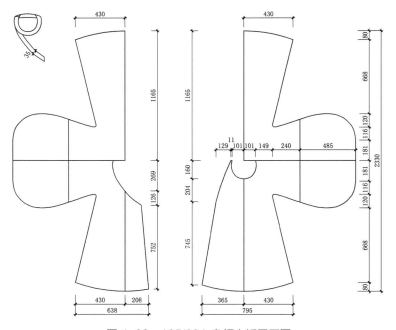

图 4-62　165/88A 盘领大袄展开图

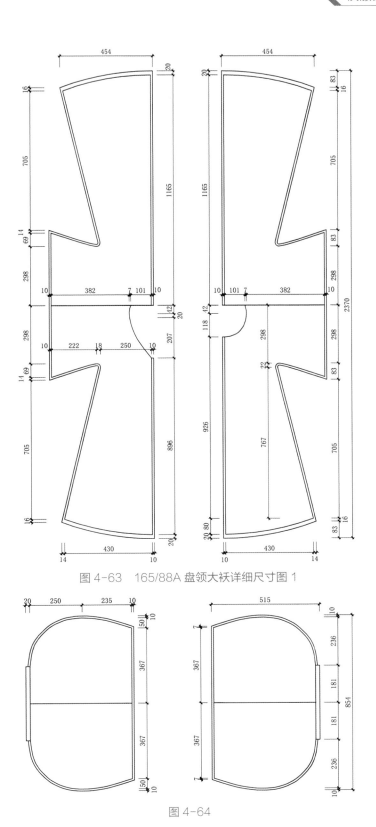

图 4-63　165/88A 盘领大袄详细尺寸图 1

图 4-64

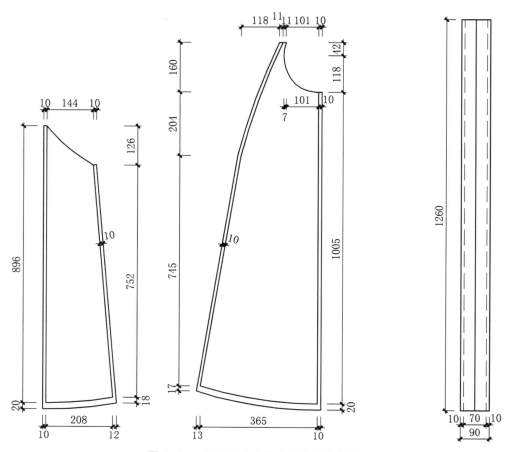

图 4-64 165/88A 盘领大袄详细尺寸图 2

（二）盘领短袄

以 165/88A 型号为例，结构透视图、展开图以及详细尺寸图如图 4-65～图 4-67 所示。

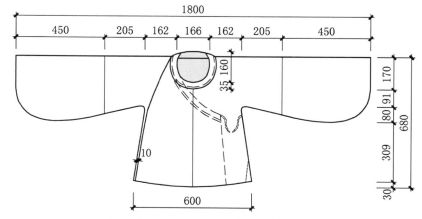

图 4-65 165/88A 盘领短袄结构透视图

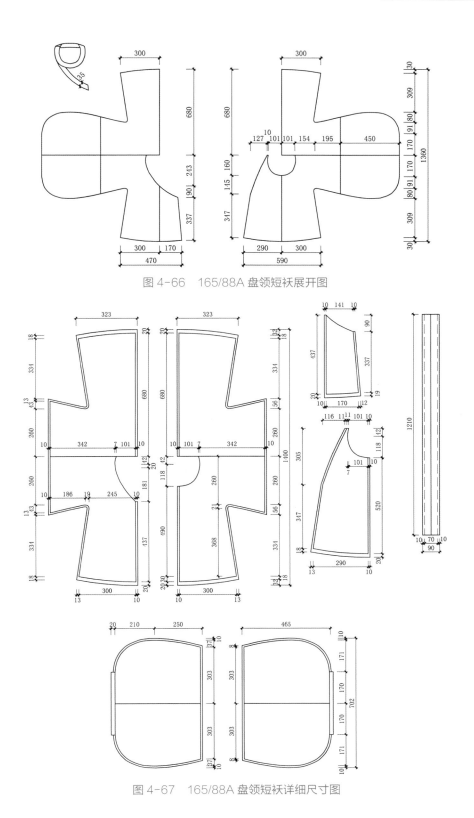

图 4-66　165/88A 盘领短袄展开图

图 4-67　165/88A 盘领短袄详细尺寸图

六、半臂

半臂又称"半袖"，是从魏晋以来由上襦发展而出的一种短外衣，大致可分为交领和对襟两种，与长袖上衣相比，其不同之处是袖长及肘即可（图4-68）。在唐朝时，半臂就已经成为男女都可穿的流行服饰，在漫长的岁月里其穿法也基本限为套在其他长袖衣服之外，因为在正式场合，古代人是绝对不会单穿半臂而露出胳膊的。以现代审美来看，今天的交领半臂完全可以在夏天单穿，这有些类似现代人所穿的短袖 T 恤，女子也可以直接把交领半臂当作半袖的袄裙来穿，又因其袖长较短，搭配现代裙其实也无妨，男子也可穿半臂，而下身配时尚裤装。

对襟半臂依靠胸前的系带来固定两襟，因领口宽大，两襟开口，所以必须套在其他衣服外（这一点与褙子相同），另外两侧需要开衩，下身可搭配褶裙或裤。对襟半臂可分为直对襟半臂和斜直对襟半臂两种，它们在外形上是非常相似的，区别仅仅在于领子的形式。

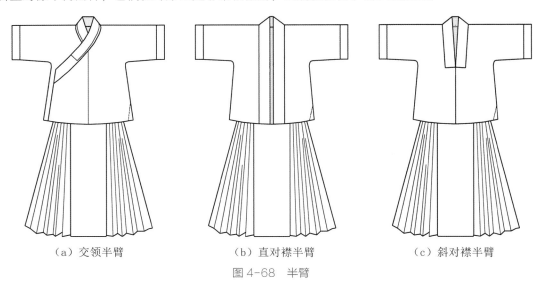

（a）交领半臂　　　　　（b）直对襟半臂　　　　　（c）斜对襟半臂

图4-68　半臂

（一）交领半臂

交领半臂尺码如表4-10所列。

表4-10　交领半臂尺码

规格型号	衣长/mm	成衣胸围/mm	下摆宽度/mm	袖口宽度/mm	通臂长/mm	领口宽度/mm	领缘宽度/mm
155/80A	640	900	550	220	920	158	65
160/84A	660	940	570	225	970	162	65
165/88A	680	980	590	235	1030	168	70
170/92A	700	1020	610	240	1080	174	70

规格型号	衣长/mm	成衣胸围/mm	下摆宽度/mm	袖口宽度/mm	通臂长/mm	领口宽度/mm	领缘宽度/mm
175/96A	720	1060	630	250	1130	180	75
180/100A	740	1100	650	255	1180	186	75
185/104A	760	1140	670	265	1230	194	75

以 165/88A 型号为例，结构透视图、展开图以及详细尺寸图如图 4-69 ~ 图 4-71 所示。

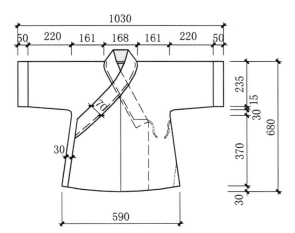

图 4-69　165/88A 交领半臂结构透视图

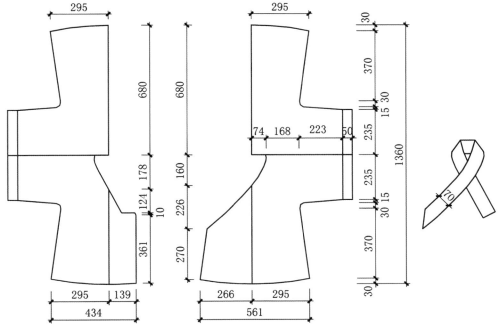

图 4-70　165/88A 交领半臂展开图

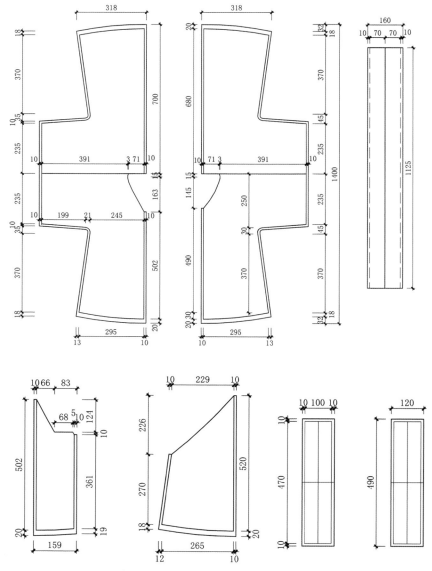

图 4-71 165/88A 交领半臂详细尺寸图

（二）直对襟半臂

直对襟半臂尺码如表 4-11 所列。

表 4-11 直对襟半臂尺码

规格型号	衣长/mm	成衣胸围/mm	下摆宽度/mm	袖口宽度/mm	通臂长/mm	领口宽度/mm	领缘宽度/mm
155/80A	640	920	520	220	920	156	65
160/84A	660	960	540	225	970	162	70

规格型号	衣长/mm	成衣胸围/mm	下摆宽度/mm	袖口宽度/mm	通臂长/mm	领口宽度/mm	领缘宽度/mm
165/88A	680	1000	560	235	1030	166	70
170/92A	700	1040	580	240	1080	172	75
175/96A	720	1080	600	250	1130	176	75

以 165/88A 型号为例，结构透视图、展开图以及详细尺寸图如图 4-72～图 4-74 所示。

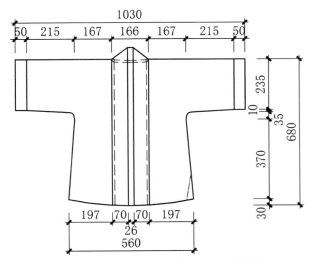

图 4-72　165/88A 直对襟半臂结构透视图

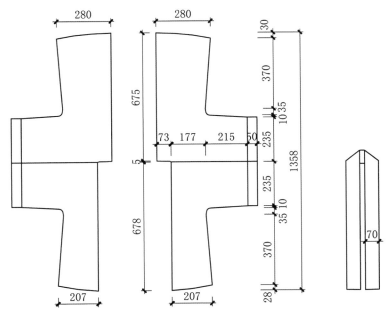

图 4-73　165/88A 直对襟半臂展开图

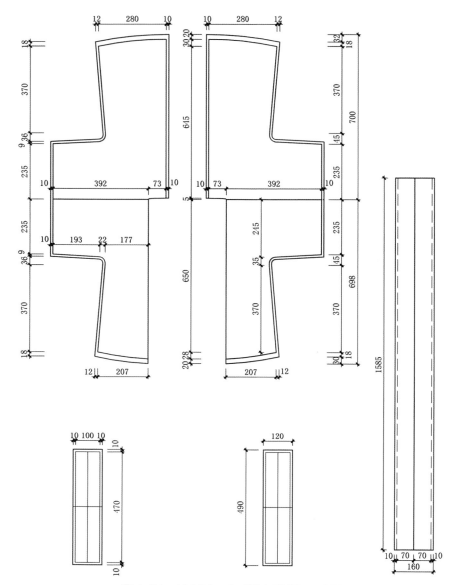

图 4-74　165/88A 直对襟半臂详细尺寸图

（三）斜对襟半臂

斜对襟半臂尺码如表 4-12 所列。

表 4-12　斜对襟半臂尺码

规格型号	衣长/mm	成衣胸围/mm	下摆宽度/mm	袖口宽度/mm	通臂长/mm	领口宽度/mm	领缘宽度/mm
155/80A	640	920	520	220	920	160	60
160/84A	660	960	540	225	970	166	65

规格型号	衣长/mm	成衣胸围/mm	下摆宽度/mm	袖口宽度/mm	通臂长/mm	领口宽度/mm	领缘宽度/mm
165/88A	680	1000	560	235	1030	170	65
170/92A	700	1040	580	240	1080	176	70
175/96A	720	1080	600	250	1130	180	70

以 165/88A 型号为例，结构透视图、展开图以及详细尺寸图如图 4-75~图 4-77 所示。

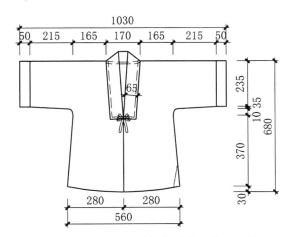

图 4-75　165/88A 斜对襟半臂结构透视图

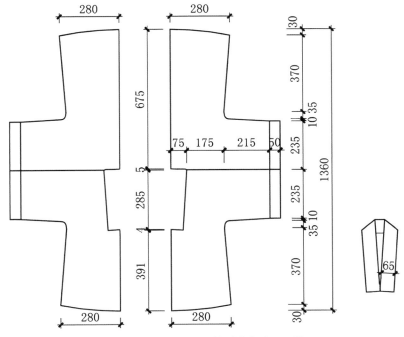

图 4-76　165/88A 斜对襟半臂展开图

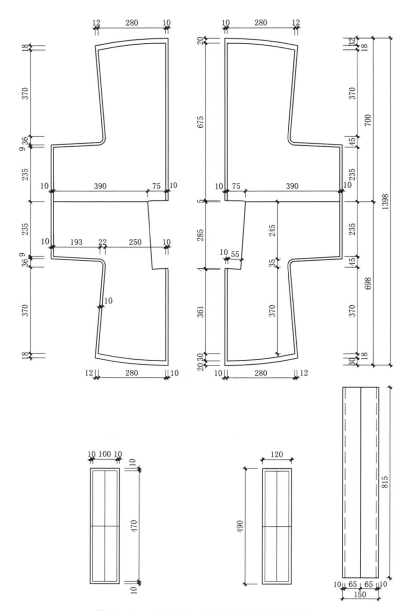

图 4-77　165/88A 斜对襟半臂详细尺寸图

第二节　衣裳连属制

衣裳连属制，古称深衣，是汉服的一种制式。这种制式始创于周代，并逐渐影响到了后世的服饰设计。

深衣制是先将上衣和下裳分开裁剪，然后将两者相连缝合，即上下连属，使之"被体深邃"，形成一个整体。深衣上下分裁是为了遵循上衣下裳的古制，而将上衣下裳缝成一体是为了方便，同时可以把整个身体包裹严密，使之深藏不露，既反映了中国"天地人合一"的哲学思想，也反映了汉民族内敛含蓄、包容万物的文化品格。深衣的影响深远，不仅汉代命妇将其作为礼服，古代的袍衫也大多采用这种衣裳连属的形式。甚至到了现代，连衣裙的设计也可以看作是深衣制的一种沿革。

在制作深衣时，需要特别注意裁剪和缝制的技巧，以确保服装的合身度和舒适度。同时，面料的选择也非常重要，需要考虑到其质地、纹理和色彩等因素，以展现出深衣的优雅和庄重。

一、曲裾

曲裾，作为汉服的一种款式，其独特的款式结构充分展现了古代服饰的优雅与华丽（图4-78）。曲裾的最大特点在于其衣襟的设计。衣襟从领部开始，一直延伸到腋下，然后向后旋转，形成独特的曲裾样式。这种设计不仅使得曲裾在视觉上更具层次感，同时也为穿着者带来了独特的穿着体验。曲裾的后片衣襟通常加长，加长后的衣襟形成三角形状，然后经过背后绕至前襟。这种设计既能够增加服饰的美观性，又能够防止风寒侵入，体现了曲裾的实用性。在腰部，曲裾通常用大带进行束缚，这样可以固定住衣襟，防止其散开，同时也能够凸显穿着者的腰部线条，展现优雅的身姿。

图4-78　曲裾

此外，曲裾的袖型、领型等也有多种变化，可以根据不同的场合和穿着者的需求进行选择和搭配。例如，袖型可以是宽袖或窄袖，领型可以是交领或圆领等，这些都为曲裾增加了更多的款式可能性。

曲裾尺码如表4-13所列。

表4-13　曲裾尺码

规格型号	衣长/mm	成衣胸围/mm	下摆宽度/mm	袖口宽度/mm	通臂长/mm	领口宽度/mm	领缘宽度/mm
155/80A	1200	940	700	380	1670	160	60
160/84A	1240	980	720	390	1720	166	60
165/88A	1280	1020	740	400	1770	170	65
170/92A	1320	1060	760	415	1820	176	65
175/96A	1360	1100	780	430	1870	180	70

以165/88A型号为例，结构透视图、展开图以及详细尺寸图如图4-79～图4-82所示。

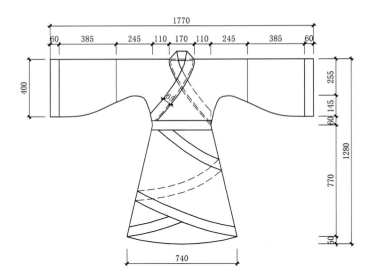

图 4-79　165/88A 曲裾结构透视图

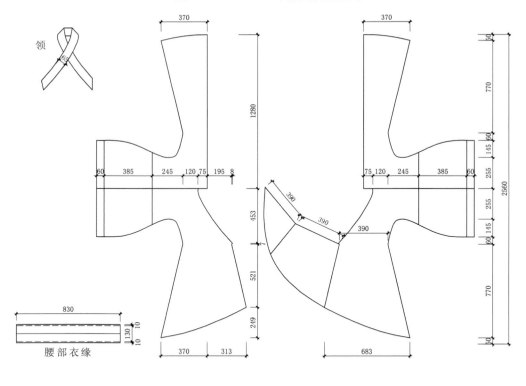

领

腰部衣缘

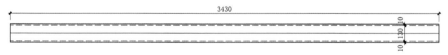

下摆衣缘

图 4-80　165/88A 曲裾展开图

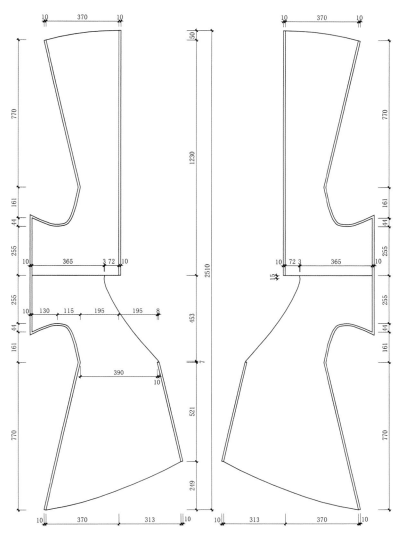

图 4-81　165/88A 曲裾详细尺寸图 1

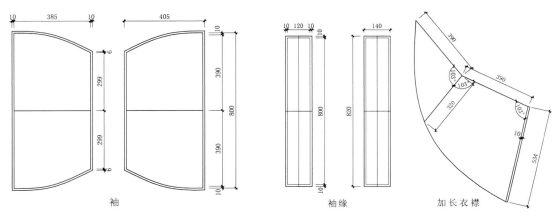

袖　　　　　　　　　　　袖缘　　　　　加长衣裾

图 4-82

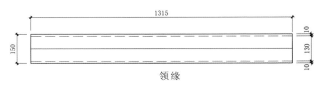

图 4-82　165/88A 曲裾详细尺寸图 2

二、深衣

深衣是上衣和下裳分裁的直筒式的长衫，由于穿着此衣时，衣、裳连在一起可包住身体，将人体掩蔽严实，故称为"深衣"（图 4-83）。深衣有很多种裁剪方式，本部分介绍的只是其中较为简单的一种，在制作时，需准备 12 块等大小的梯形的布料，将各小块布料缝合为一体作为下裳，然后将上衣与下裳缝合到一起，这便是上下分裁的缝纫方法，还需要用另一种区别衣身颜色的布料作为领缘、衣缘、下摆衣缘，最终成为整长衣。深衣的面料多为白布，领缘、衣缘需采用

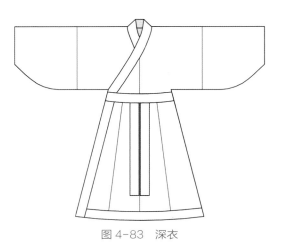

图 4-83　深衣

较深颜色的布料，如果父母、祖父母都健在，以花纹布料为领缘、衣缘；如果父母健在，以青色布料为领缘、衣缘；如果是孤儿，以素色布料为领缘、衣缘。

深衣的特点是使身体深藏不露，给人以雍容典雅的感觉，基本特征为交领，袖根宽大，袖口收袪，用大带作为腰带。穿深衣，头戴幅巾，被称为深衣礼服的首服，可作为古代诸侯、大夫等阶层的常用便服，以及庶人百姓的礼服。

深衣尺码如表 4-14 所列。

表 4-14　深衣尺码

规格型号	总衣长/mm	成衣腰围/mm	下摆宽度/mm	袖口宽度/mm	通臂长/mm	领口宽度/mm	领缘宽度/mm
165/88A	1400	436	905	272	1750	170	65
170/92A	1440	454	926	280	1800	176	65
175/96A	1480	472	947	288	1850	180	70
180/100A	1520	494	985	296	1900	186	70
185/104A	1560	512	1006	300	1950	192	70

以 175/96A 型号为例，结构透视图、展开图以及详细尺寸图如图 4-84～图 4-86 所示。

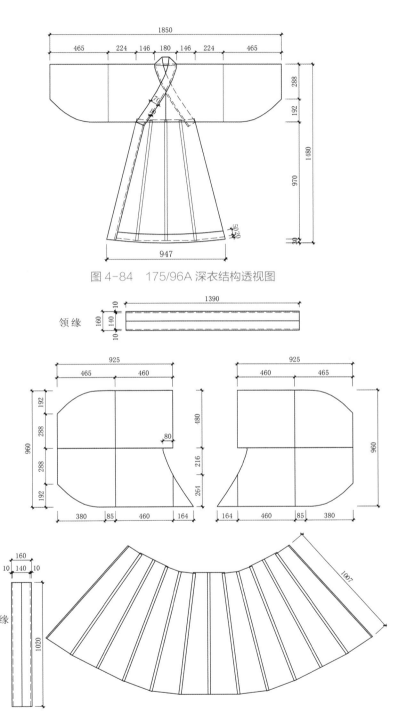

图 4-84 175/96A 深衣结构透视图

领缘

侧衣缘

下摆衣缘

图 4-85 175/96A 深衣展开图

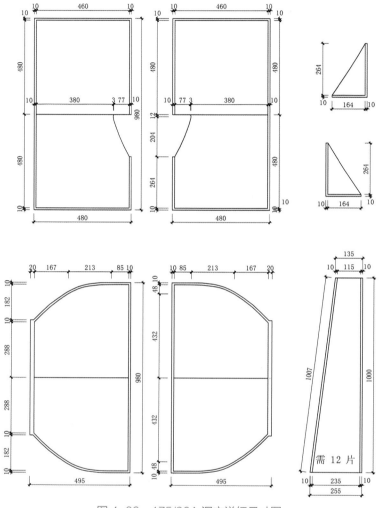

图 4-86　175/96A 深衣详细尺寸图

三、直裰

　　直裰是一种对襟长衫，其最大特点是衣身两侧开衩，方便行走。这种设计使得直裰在保持传统汉服风韵的同时，又适应了日常穿着的实用性需求。直裰的领子通常较为简洁，没有过多的装饰。在元明时期，直裰的领子只有边缘部分有装饰，其余部分则保持素净。这种设计凸显了直裰的简约之美。在衣身设计上，直裰采用上下通裁的方式，衣长通常过膝，给人一种修长挺拔的感觉。同时，直裰的腰部通常较为宽松，不会束缚身体，穿着起来舒适自在。袖子的形状也是直裰款式结构的重要组成部分。根据不同的时期和风格，直裰的袖子有宋直袖、明琵琶袖、直袖、方袖等多种变化。这些不同的袖子形状既丰富了直裰的款式多样性，也展现了不同历史时期和文化背景下的审美差异。本部分的图纸便是明制直裰（图 4-87）。

图 4-87　直裰

此外，直裰在细节处理上也十分考究。例如，衣身后背通常有一条直通到底的中缝，前襟上也有一条中缝，这是直裰的基本裁剪规则。同时，直裰还会系扎腰带络穗、丝绦等配饰。

直裰尺码如表 4-15 所列。

表 4-15　直裰尺码

规格型号	衣长/mm	成衣胸围/mm	下摆宽度/mm	袖口宽度/mm	通臂长/mm	领口宽度/mm	领缘宽度/mm
165/88A	1165	1000	780	195	1710	168	70
170/92A	1200	1040	800	200	1760	174	70
175/96A	1235	1080	820	205	1810	180	75
180/100A	1270	1120	840	210	1860	186	75
185/104A	1305	1160	860	220	1910	194	75

以 175/96A 型号为例，结构透视图、展开图以及详细尺寸图如图 4-88～图 4-91 所示。

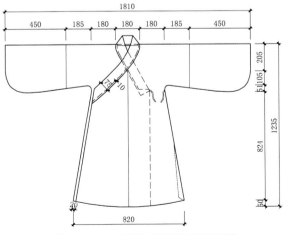

图 4-88　175/96A 直裰结构透视图

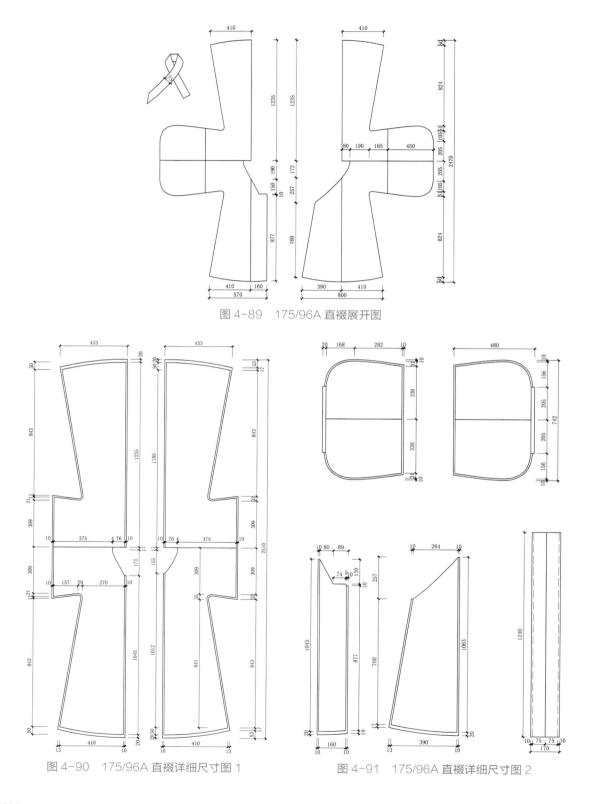

图 4-89　175/96A 直裰展开图

图 4-90　175/96A 直裰详细尺寸图 1

图 4-91　175/96A 直裰详细尺寸图 2

四、道袍

道袍是道教的传统服饰之一，但也是明代士人主要的便装及礼服款式，故道袍不一定全部用作道教服饰（图4-92）。道袍是一种交领大袖、衣身内两边有暗摆的长身式外衣，领缘较宽，且多加护领，道袍版型比同规格的直裰和直身大一些，尤其下摆比较宽大，而直裰、直身版型相对较直。

道袍尺码如表4-16所列。

图4-92　道袍

表4-16　道袍尺码

规格型号	衣长/mm	成衣胸围/mm	下摆宽度/mm	袖口宽度/mm	通臂长/mm	领口宽度/mm	领缘宽度/mm
165/88A	1380	1020	980	485	2150	178	75
170/92A	1420	1060	1000	500	2200	182	80
175/96A	1460	1100	1020	515	2250	188	80
180/100A	1500	1140	1040	530	2300	194	85
185/104A	1540	1180	1060	545	2350	202	85

道袍摆的接法如图4-93、图4-94所示，类似梯形（下边是和衣服对位的弧线）的一块大摆片（后片），以及四块三角形的小摆片（1是由后片局部镜像形成的，2是1的等大小镜像，3与1完全相同，4是3的等大小镜像），将字母相同的边缝到一起，从而缝合成整体的摆，将摆

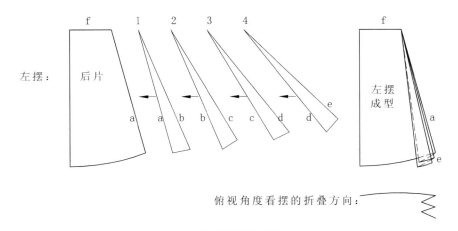

图4-93　道袍摆的接法1

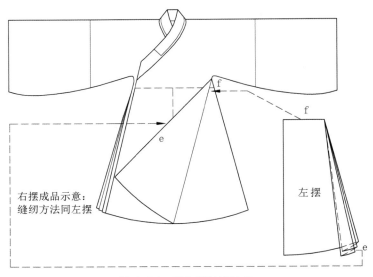

图 4-94　道袍摆的接法 2

折叠后，各摆片的小三角部位都是完全重合的。

　　衣服开衩，按箭头以及相同字母的示意，将摆缝进去，注意摆的顶边 f 是固定在衣服主体上 f 所示的虚线上，而不是某一块布料的边缘。

　　以 175/96A 型号为例，结构透视图、展开图以及详细尺寸图如图 4-95～图 4-98 所示。

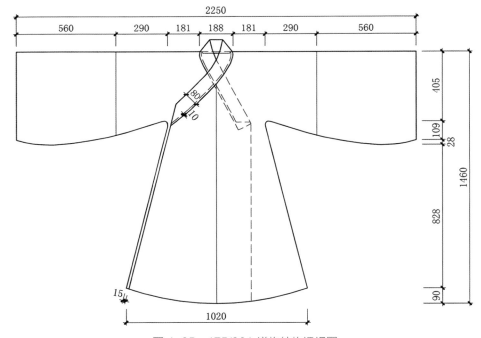

图 4-95　175/96A 道袍结构透视图

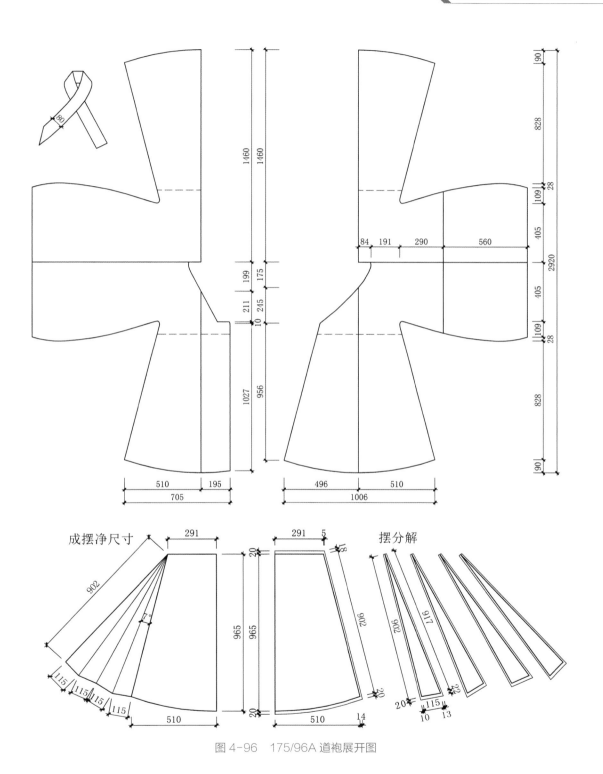

图4-96　175/96A道袍展开图

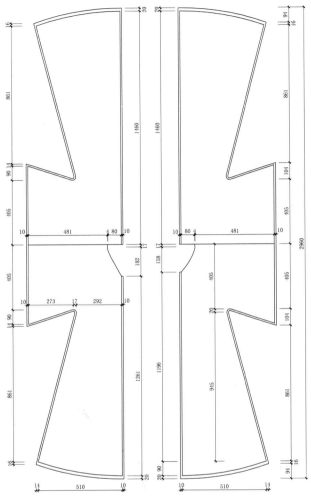

图 4-97　175/96A 道袍详细尺寸图 1

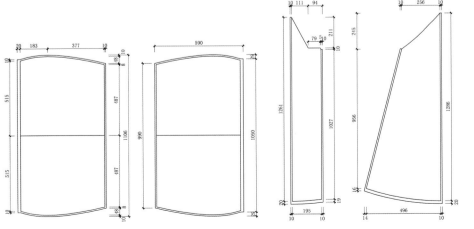

图 4-98　175/96A 道袍详细尺寸图 2

五、盘领袍

盘领袍的最大特色在于其领部设计（图 4-99）。领子呈盘状，围绕脖颈，形成圆润的线条，既显得庄重典雅，又具有一定的保暖性。这种领型设计既体现了古代服饰的精致工艺，也符合人体工学，穿着舒适。在衣身方面，盘领袍通常采用宽松的设计，衣长及膝或稍长，能够覆盖住大部分身体，显得端庄大方。衣

图 4-99　盘领袍

身两侧开衩，方便行走和活动，体现了其实用性。同时，衣身的前后片通常使用对襟设计，通过系带或纽扣等方式进行固定，既方便穿脱，又增加了服饰的层次感。盘领袍的袖子可以根据不同的需求进行设计。既有宽袖的设计，显得飘逸洒脱，也有窄袖的设计，显得干练利落。袖子的长度通常到手臂中部或稍长，既能够覆盖住手臂，又不会显得过于冗长。

盘领袍尺码如表 4-17 所列。

表 4-17　盘领袍尺码

规格型号	衣长/mm	成衣胸围/mm	下摆宽度/mm	袖口宽度/mm	通臂长/mm	领内尺寸/mm	领缘宽度/mm
165/88A	1380	1020	980	243	2150	166×160	35
170/92A	1420	1060	1000	250	2200	170×165	35
175/96A	1460	1100	1020	257	2250	176×170	35
180/100A	1500	1140	1040	265	2300	180×175	35
185/104A	1540	1200	1060	272	2350	186×180	35

盘领袍的接法是将直身左摆中片沿中轴线对折，将左摆前片、中片、后片按图纸箭头方向缝合，相同字母的边缝到一起（图 4-100）。

如图 4-101 所示，衣服开衩，后摆的后边与衣服后片那个边缝合，后摆的前边与前摆的后边缝合，前摆的前边与衣服前面的那个边缝合（按箭头及相同字母的指向，同字母的边要缝到一起）。

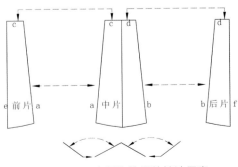

图 4-100　盘领袍的摆的接法示意

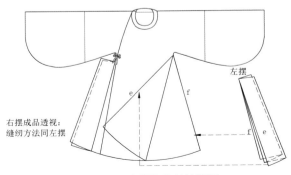

图 4-101　盘领袍的接法图示

以175/96A型号为例，结构透视图、展开图以及详细尺寸图如图4-102~图4-105所示。

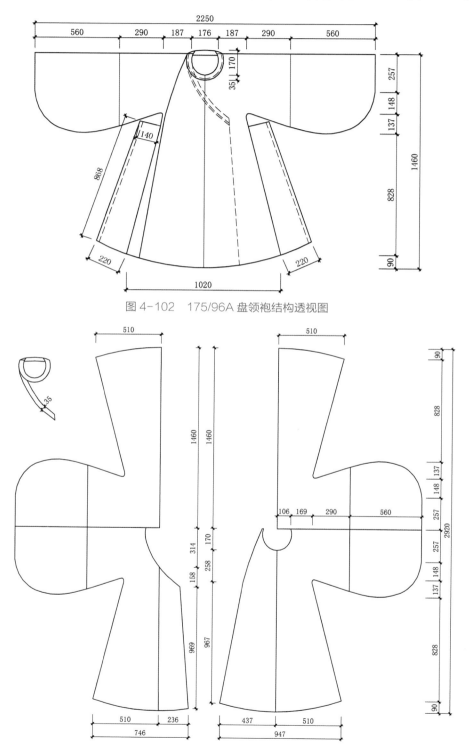

图4-102 175/96A 盘领袍结构透视图

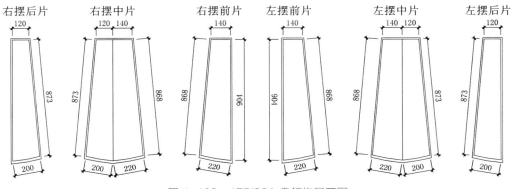

图 4-103　175/96A 盘领袍展开图

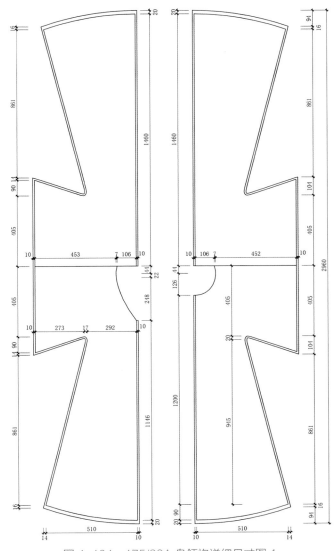

图 4-104　175/96A 盘领袍详细尺寸图 1

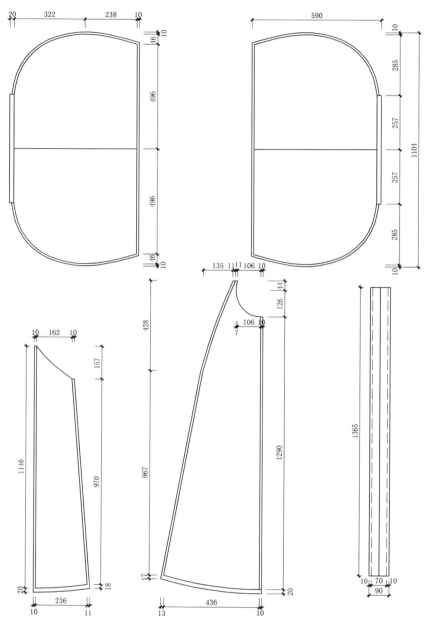

图 4-105　175/96A 盘领袍详细尺寸图 2

六、襕衫

　　襕衫是男装中较为典型的盘领服饰，多为宋明时期的书生所穿着（图 4-106）。其基本特征和盘领袍相同，但不同之处是襕衫所用布料均为浅色，且领、袖、衣襟侧边、底边、摆等部位都镶有深青色或黑色的缘边。

图 4-106　襕衫

襕衫尺码如表 4-18 所列。

表 4-18　襕衫尺码

规格型号	衣长/mm	成衣胸围/mm	下摆宽度/mm	袖口宽度/mm	通臂长/mm	领内尺寸/mm	领缘宽度/mm
165/88A	1380	1020	980	243	2150	166×160	35
170/92A	1420	1060	1000	250	2200	170×165	35
175/96A	1460	1100	1020	257	2250	176×170	35
180/100A	1500	1140	1040	265	2300	180×175	35
185/104A	1540	1200	1060	272	2350	186×180	35

以 175/96A 型号为例，结构透视图、展开图以及详细尺寸图如图 4-107 ~ 图 4-110 所示。

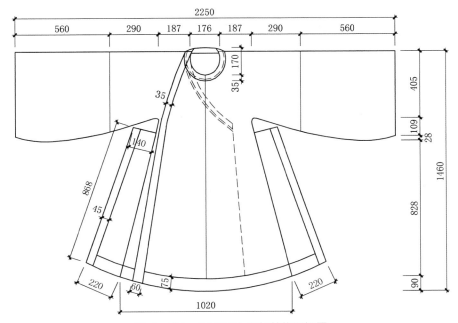

图 4-107　175/96A 襕衫结构透视图

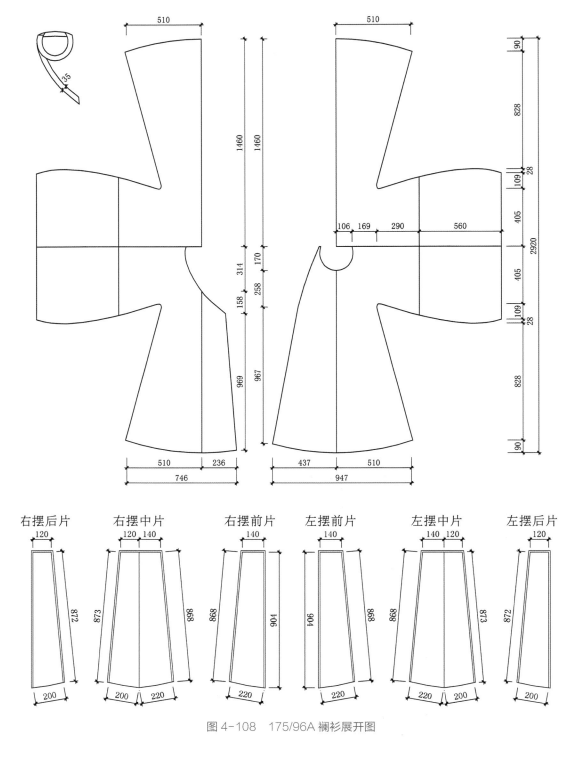

图 4-108 175/96A 襕衫展开图

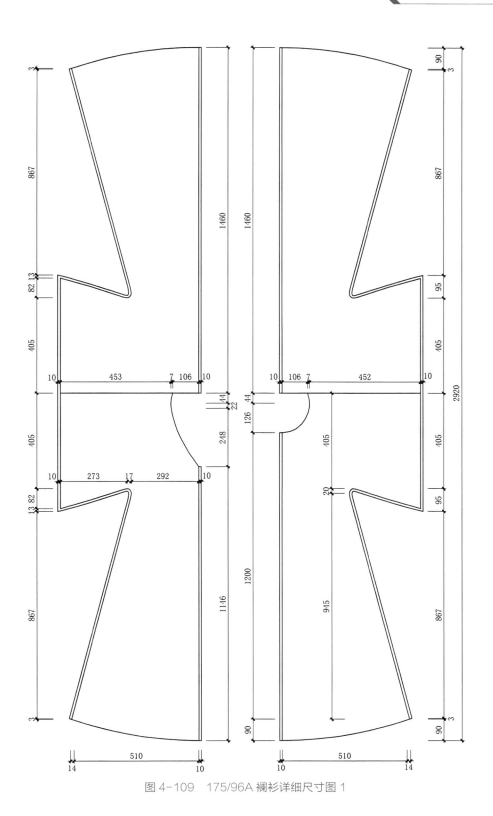

图 4-109　175/96A 襦衫详细尺寸图 1

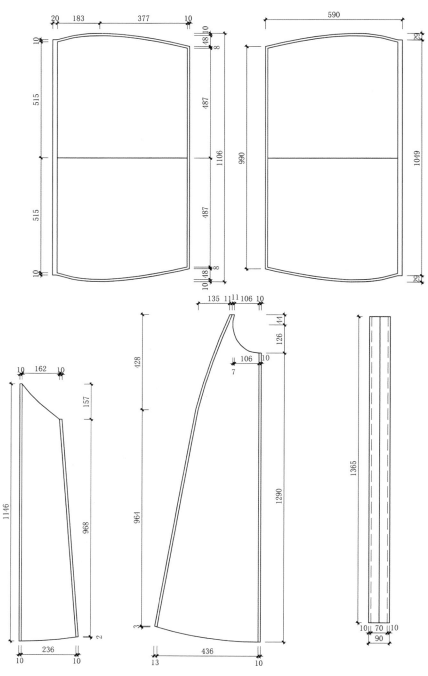

图 4-110　175/96A 襕衫详细尺寸图 2

七、褙子

褙子，作为宋代最具代表性的汉人传统服装，其款式结构独特且优雅（图 4-111）。褙子的形制通常为直领对襟，前襟常敞开并不施襻纽，这种设计既方便穿脱，又展现了其独特的简约美。领口、袖口和衣襟处通常会镶有精美的缘饰，为整体增添了几分华丽感。在袖子的设计上，褙子有宽、窄二式，可以根据穿着者的喜好和场合选择。宽袖设计显得飘逸洒脱，而窄袖则更显干练利落。此外，褙子的两侧通常开有高衩，直达腋下，这样的设计不仅增加了服饰的流动性，还使得行走时能够随风飘动，任其露出内衣，更添一份婉约之美。

在衣身方面，褙子的长度有多种选择，既有齐膝或在膝上的短褙子，也有长及膝下的长褙子。这样的设计使得褙子能够适应不同季节和场合的穿着需求。无论是搭配裙装还是裤装，都能展现出优雅的气质。

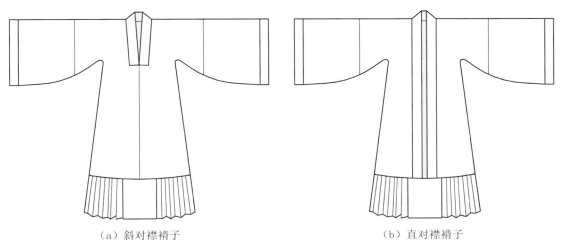

（a）斜对襟褙子　　　　　　　　　　　　　（b）直对襟褙子

图 4-111　对襟褙子

（一）斜对襟褙子

斜对襟褙子尺码如表 4-19 所列。

表 4-19　斜对襟褙子尺码

规格型号	衣长/mm	成衣胸围/mm	下摆宽度/mm	袖口宽度/mm	通臂长/mm	领口宽度/mm	领缘宽度/mm
155/80A	1095	940	670	450	1720	170	60
160/84A	1130	980	690	465	1770	176	65
165/88A	1165	1020	710	480	1820	180	65
170/92A	1200	1060	730	495	1870	186	70
175/96A	1235	1100	750	510	1920	190	70

以 165/88A 型号为例，结构透视图、展开图以及详细尺寸图如图 4-112~图 4-114 所示。

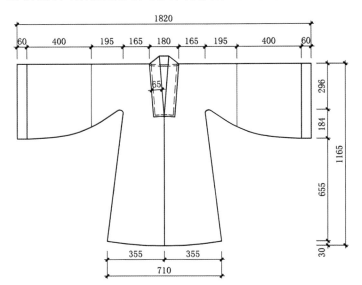

图 4-112 165/88A 斜对襟褙子结构透视图

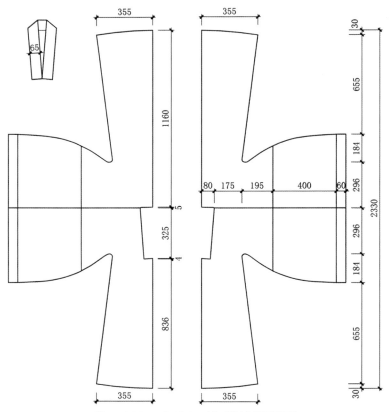

图 4-113 165/88A 斜对襟褙子展开图

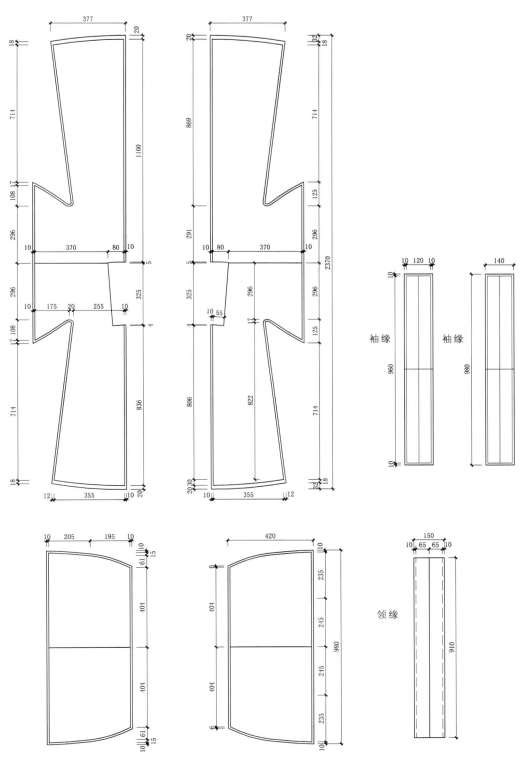

图 4-114　165/88A 斜对襟褙子详细尺寸图

（二）直对襟褙子

直对襟褙子尺码如表 4-20 所列。

表 4-20　直对襟褙子尺码

规格型号	衣长/mm	成衣胸围/mm	下摆宽度/mm	袖口宽度/mm	通臂长/mm	领口宽度/mm	领缘宽度/mm
155/80A	1095	940	670	450	1720	160	65
160/84A	1130	980	690	465	1770	164	65
165/88A	1165	1020	710	480	1820	170	70
170/92A	1200	1060	730	495	1870	174	70
175/96A	1235	1100	750	510	1920	180	73

以 165/88A 型号为例，结构透视图、展开图以及详细尺寸图如图 4-115～图 4-118 所示。

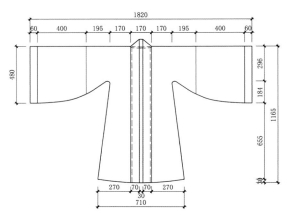

图 4-115　165/88A 直对襟褙子结构透视图

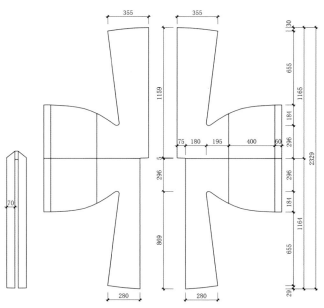

图 4-116　165/88A 直对襟褙子展开图

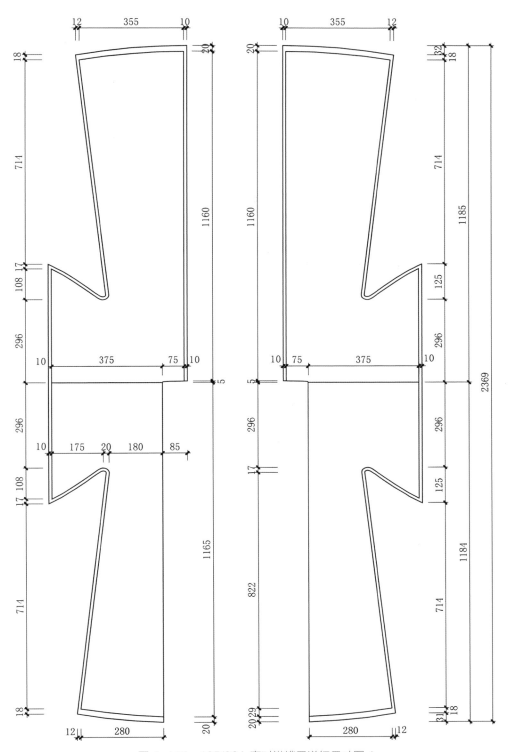

图 4-117　165/88A 直对襟褙子详细尺寸图 1

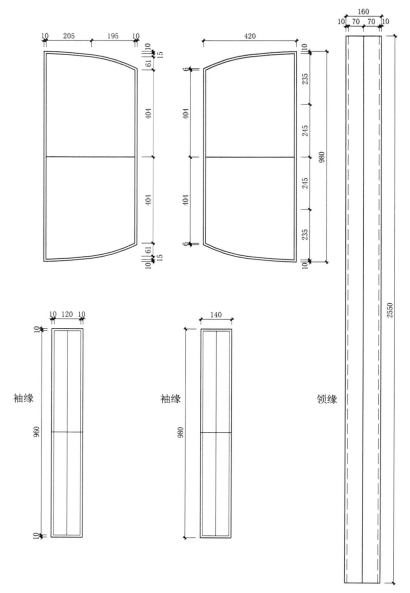

图 4-118　165/88A 直对襟褙子详细尺寸图 2

第五章
汉服CAD制版及排料

现代汉服的兴起使得汉服产业日趋壮大，市场也随之形成了大批量的汉服工业化生产模式，汉服的系列化、标准化和商业化使得人们对汉服有了更高的要求，这就要求汉服生产企业必须使用现代化的高科技手段，加快汉服产品的开发速度，提高快速反应的能力。CAD技术是计算机技术与服装工业结合的产物，是企业提高工作效率、增强创新能力和市场竞争力的有效工具，它使得汉服生产工艺变得十分灵活，从而使生产效率、对市场的敏感性及在市场中的地位得到显著提升。如今，CAD的应用渗透到汉服行业的各个环节中，包括汉服的设计模块与辅助生产模块，给汉服产业生产带来了可喜的效益和高效率的运作。

第一节　汉服数据测量与号型规格

汉服属于服装品类范畴，我国对于服装有统一的服装号型标准。号型标准是为了适应工业化服装生产的需要，通过采集人体数据，然后进行科学的归纳、分析、汇总而成的人体相关部位的数据尺寸，是汉服规格的重要依据。而汉服规格是制作样板、裁剪、缝纫、销售的关键环节之一，更是决定汉服成衣的质量和商品性能的重要因素。

一、人体尺寸测量

人体尺寸测量的数据可以通过均值、标准差、相关系数的计算与分析来确定中间标准的依据和制定号型标准的范围，同时也能确定标准的号、型分类，为进一步以基本部位为依据来确定其他部位尺寸，提供了计算依据。

（一）人体的基本构造

汉服设计是一门造型艺术，这种造型艺术是衣与人体的完美结合。在人衣完美的结合中，不同的性别有着不同的客观要求和主观的艺术风格要求，为此服装设计师需要对不同的人体体型及其差异进行分析和研究。除了掌握服装与人体的专业知识外，还要能够灵活地结合知识运用到实践当中，以便更好地进行汉服搭配的设计研究。

人在生物学分类中属于脊椎动物，其脊椎呈垂直状的纵轴，身体左右对称，这是人在形态构造上区别于其他动物的主要特征。人体的脊椎骨是人体躯干的支柱，连贯头、胸、骨盆三个主要部分，并以肩胛带与骨盆带为组带，连接上肢和下肢，形成了人体的大致构造。所以，可以用"一竖、二横、三体积、四肢"四句话来概括，其中"一竖"指人体的脊柱；"二横"指肩胛带横线与骨盆带横线；"三体积"指头、胸廓、骨盆三部分体积；"四肢"指上肢与下肢，其中上肢包括肩、上臂、肘、前臂、腕、手，下肢包括髋、大腿、膝、小腿、踝、脚。人体由 200 多块骨头组成骨骼结构，如图 5-1 所示。在骨骼外面附着 600 多条肌肉，如图 5-2 所示，在肌肉外面包着一层皮肤。

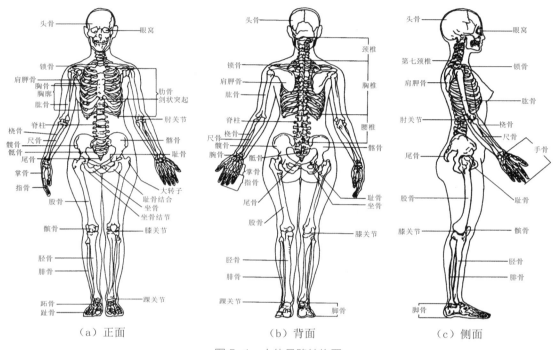

（a）正面　　　　　　　　（b）背面　　　　　　　　（c）侧面

图 5-1　人体骨骼结构图

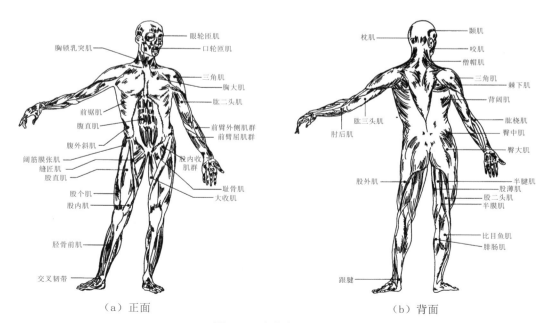

（a）正面　　　　　　　　　　　　　　（b）背面

图 5-2　人体表层肌肉图

（二）汉服的量取方法

由于汉服穿着者的年龄、性别、身份等不同，汉服的制作方法也有所不同。但是不论汉服的穿着方法如何、制作方法如何，其依托的基础都是人体。从人体工程学的角度来看，汉服设计不仅要符合人体造型的需要，还要符合人体运动规律的需要。汉服的设计应与人体特征相适应，使人穿着之后感到舒适、合体，同时具有美观效果。因此，制作汉服时，需要掌握人体各部位的测量方法。

1. 制作上衣（短）需要的尺寸

制作上衣需要的尺寸有衣长（衣服的长度）、胸围、臀围、单边袖长（或通袖长）、袖根（衣身和袖子相接的地方）、接袖的位置、颈窝（后领）、袖口、领、袖缘。

（1）衣长测量方法。从肩靠近脖子的位置开始，经过胸的最高处，到衣服下摆想到的位置的竖直长度。不同形制对衣长要求的范围不同。

（2）胸围测量方法。围绕胸部最高点，水平环绕一周的长度。增加放松量依款式由2～40cm不等，甚至更大。胸高是从颈侧点至胸点的垂直高度，用来确定胸围线的位置。

衣服的胸围等于人体的净胸围＋衣服松量。在测得人体的净胸围后，衣服松量由自己喜好决定。一般来说，松量4～6cm为紧身型（适合要求比较紧身的中衣或单穿的襦），8～10cm为合体型（可单穿或里面再加一两件衣服），14cm以上算是宽松型，但这是对一般厚度的布料而言的，如果是比较厚的冬天布料或者里面准备做夹棉，还要在各型的基础上视面料的厚度而加大松量。如果不方便量，可以参考现代成人女子的净胸围尺寸：S型76cm，M型82cm，L型88cm，XL型96cm。

（3）单边袖长测量方法。水平举起手，从中线（脊椎）开始量取至所需长度，根据款式的不同袖子的长度有所差别，通袖长就是单边袖长的2倍。具体测量方法如下。

①中衣单边袖长＝中线到手腕长度＋2～3cm。

②外套单边袖长＝中线到指尖长度＋15cm以上。

需要注意的是外套袖子不宜过短，以免形成"八"字袖，不同的袖形，袖长不同。

（4）袖根测量方法。从肩上到腋下的长度。中衣通常取22～25cm（即一圈44～50cm），穿在外面的衣服需要适当放大。广袖衣服袖根最好在40cm以上。另有取巧方法，即取宽松T恤量取其袖根长度用之。

（5）接袖位置测量方法。中线到上臂中间的长度。

（6）颈窝（后领）测量方法。两边肩脖相接位置的距离，中衣通常取14～16cm，穿外面的衣服需要适量放大。另有取巧方法，即取贴脖的衬衣量取其后领长度用之。

（7）袖口测量方法。袖口宽度根据袖形不同和个人喜好而定。中衣袖口（箭袖、窄袖）一般为15cm（半边）左右；直袖袖口与袖根等宽；大袖、广袖一般在45cm（半边）以上，最好不超过60cm。

（8）领、袖缘。根据个人喜好自行设定，一般用6～8cm。

2. 制作齐腰下裙需要的尺寸

制作齐腰下裙需要的尺寸有以下几种测量方法。

（1）腰围测量方法。需要哪一个数据视基本款式而定。裙的穿法有胸上束、胸下束、束腰。应根据穿法的不同量出上胸围、下胸围、腰围的数据。一般取腰围的最细处，以软尺绕一圈，并塞进2根手指，稍微拉紧即得。

（2）裙围测量方法。裙围=腰围（或上胸围/下胸围）×（1.5～2）倍+褶量+裙左右侧增加的止口量（2～4cm）。其中倍数根据个人的行走习惯和布料的质量决定。走路时步伐越大，裙围的倍数就要越大；布料的垂感越好，手感越重，裙围的倍数则可略小些，但不能小于1.5倍，否则可能会不合适。褶量大小决定裙子褶裥的数量与大小。褶裥的方法有百褶、抽褶等，这里不详述，但要注意褶的数量与大小要根据布料的厚薄与人的体型来决定，因为褶裥会增加裙上部的体积感，所以厚的布料不宜做太多太大的褶，体型比较丰满的人也要注意只做适量的褶裥。适量的褶裥可以起到掩饰体形的作用，若布料较硬并且裙下摆较大能形成较多的波浪，也可不要褶裥。

（3）裙长测量方法。裙长由款式决定，一般下方需到脚踝处，若裙长过短，露出袜口或小腿都是不雅观的，一般从腰围最细处开始到离地面2cm的长度。

（4）裙头宽。根据个人喜好自行设定，一般用6～8cm。

3. 制作深衣需要的尺寸

在制作直裾深衣、大袖衫时，需从人体颈后锁骨处开始测量至脚面上的距离，即测量由肩线到衣下摆的距离。

人体的身高、颈围、胸围、腰围、臀围等基本尺寸测量如图5-3所示。以汉服中的曲裾深衣为例，各部位的基本尺寸测量如图5-4所示。

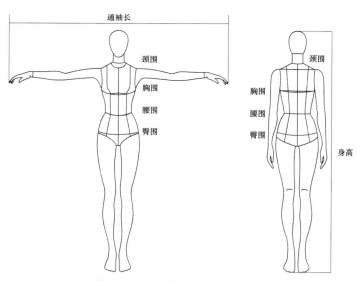

图5-3　人体基本尺寸测量示意

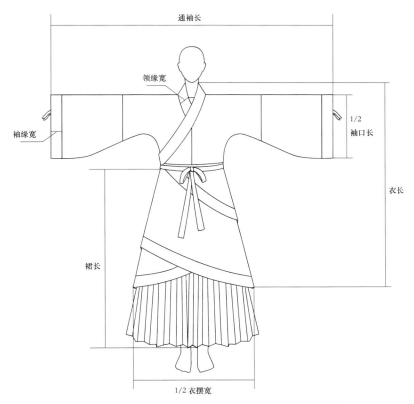

图 5-4　以曲裾深衣为例的各部位基本尺寸测量示意

二、汉服的号型规格

（一）汉服的号型系列

目前与汉服相关的团体标准主要有 3 个，包括《汉服着装指南》（T/CNTAC 107—2022）、《汉服》（T/CNTAC 58—2020）和《汉服分类》（T/CTES 1021—2019）。其中，《汉服》标准中的号型部分，明确标注了其按照服装号型或《针织内衣规格尺寸系列》（GB/T 6411—2008）执行。服装号型标准包括《服装号型　男子》（GB/T 1335.1—2008）、《服装号型　女子》（GB/T 1335.2—2008）以及《服装号型　儿童》（GB/T 1335.3—2009），以人体的胸围与腰围的差数为依据来划分人体体型，可分为 Y（偏瘦）、A（正常）、B（偏胖）、C（肥胖）。

在号型系列里身高以 5cm 分档，胸围以 4cm 分档，腰围以 4cm、2cm 分档，表 5-1～表 5-4 为详细国家服装标准。这些体型分类和号型系列分档，充分考虑了人体体型特征以及服装的适体度，对于适体度要求高的现代服装是恰当的。传统汉服留存较少，量取困难，且汉服有其独特性，普遍较现代成衣宽松，所以对于汉服的量取和设计应结合现代服装的标准号型和人体实际尺寸。

表 5-1　5.4Y、5.2Y 号型系列（女装）　　　　　　　　　单位：cm

身高	145		150		155		160		165		170		175		180	
胸围	腰围															
72	50	52	50	52	50	52	50	52								
76	54	56	54	56	54	56	54	56	54	56						
80	58	60	58	60	58	60	58	60	58	60	58	60				
84	62	64	62	64	62	64	62	64	62	64	62	64	62	64		
88	66	68	66	68	66	68	66	68	66	68	66	68	66	68	66	68
92			70	72	70	72	70	72	70	72	70	72	70	72	70	72
96					74	76	74	76	74	76	74	76	74	76	74	76
100							78	80	78	80	78	80	78	80	78	80

表 5-2　5.4A、5.2A 号型系列（女装）　　　　　　　　　单位：cm

身高	145			150			155			160			165			170			175			180		
胸围	腰围																							
72				54	56	58	54	56	58	54	56	58												
76	58	60	62	58	60	62	58	60	62	58	60	62	58	60	62									
80	62	64	66	62	64	66	62	64	66	62	64	66	62	64	66	62	64	66						
84	66	68	70	66	68	70	66	68	70	66	68	70	66	68	70	66	68	70	66	68	70			
88	70	72	74	70	72	74	70	72	74	70	72	74	70	72	74	70	72	74	70	72	74	70	72	74
92				74	76	78	74	76	78	74	76	78	74	76	78	74	76	78	74	76	78	74	76	78
96							78	80	82	78	80	82	78	80	82	78	80	82	78	80	82	78	80	82
100										82	84	86	82	84	86	82	84	86	82	84	86	82	84	86

表 5-3　5.4Y、5.2Y 号型系列（男装）　　　　　　　　　单位：cm

身高	155		160		165		170		175		180		185		190	
胸围	腰围															
72			56	58	56	58	56	58								
76	60	62	60	62	60	62	60	62	60	62						
80	64	66	64	66	64	66	64	66	64	66	64	66				
84	68	70	68	70	68	70	68	70	68	70	68	70	68	70	68	70
88			72	74	72	74	72	74	72	74	72	74	72	74	72	74
92					76	78	76	78	76	78	76	78	76	78	76	78
96							80	82	80	82	80	82	80	82	80	82
100									84	86	84	86	84	86	84	86

表5-4　5.4A、5.2A号型系列（男装）　　　　　　　　　　　　单位：cm

身高	155			160			165			170			175			180			185			190		
胸围	腰围																							
72				56	58	60	56	58	60															
76	60	62	64	60	62	64	60	62	64	60	62	64												
80	64	66	68	64	66	68	64	66	68	66	64	68												
84	68	70	72	68	70	72	68	70	72	68	70	72	68	70	72	68	70	72						
88	72	74	76	72	74	76	72	74	76	72	74	76	72	74	76	72	74	76	72	74	76			
92				76	78	80	76	78	80	76	78	80	76	78	80	76	78	80	76	78	80	76	78	80
96							80	82	84	80	82	84	80	82	84	80	82	84	80	82	84	80	82	84
100										84	86	88	84	86	88	84	86	88	84	86	88	84	86	88
104													88	90	92	88	90	92	88	90	92	88	90	92

（二）汉服的规格系列

1. 汉服号型与规格系列的关系

汉服规格也叫汉服尺码标准，是表示人体外形及汉服量度的一系列规格参数，是为了规范汉服厂商生产及方便顾客选购而形成的一套量度指数。汉服尺码标准是在人体基本尺寸的基础上，根据不同的款式，加上合适的宽松量而制定的。汉服的规格尺寸一旦确定以后，就是汉服生产制造的依据。汉服的服装号型与服装规格在人体测量数据的基础上，存在一定对应关系，同时在汉服产品的呈现中表示不同的含义。两者都为汉服产品最后定型而发挥作用，并保证汉服成衣能满足相关人群"穿衣合体"的需要。

汉服规格是具体表示汉服成品主要部位尺寸大小的实际数值，而号型主要针对人群而言，强调的是不同规格、不同尺寸档次汉服对相应人群的适体性，指向比较宏观。汉服规格主要针对汉服成品本身而言，强调的是汉服外形上主要部位的实际尺寸，指向十分具体。从使用状况看，目前服装号型多在市场销售的汉服商品上出现，消费者可以通过对它的认识和理解，并在它的引导下选购自己称心与合体的汉服。

汉服号型所显示的数据通常是指对人体进行净体测量所得到的数据。如一件钉有"175/92A号型标志的圆领袍，仅表明该件圆领袍适合于身高在174～176cm之间，净胸围在90～93cm之间且体型正常的男士穿着，并不表示该件圆领袍的实际衣长和胸围等具体数值。

而汉服规格是具体反映一件汉服产品外形主要部位的尺寸。在汉服成品上，其表示方法一般为"衣长—胸围—领围"或"裙长与腰围"。以"165/84A"号型标志的上襦为例，根据现行服装号型国家标准规定及服装规格与服装号型人体测量部位数值折算公式计算，该件产品的衣长实际尺寸或许是56cm，胸围的实际尺寸或许是90cm。这组数据可以在该件上襦成品上直接测量得出。通过以上分析可以看出，在实际应用中汉服号型一般只是起到区间性指示作用。它通过确定人体身高、净胸围、净腰围的区间范围来划分不同体型的汉服受众人群。

2. 汉服尺寸规格

由于关于汉服细部规格的典籍稀少，出土关于汉服尺寸的资料获取寥寥无几，因此汉服的明确规格无法从古代汉服获知。可结合市场调研，同时参考现代服装的标准号型来进行汉服的具体尺寸规格的定义。

（1）交领右衽上襦与齐腰下裙。交领右衽上襦的主要规格包括衣长、通袖长、胸围、袖口宽等；齐腰下裙的主要规格有裙长、裙头长（裙头长＝腰围×1.5）、摆围等。表5-5所示是结合服装号型标准和服装推码规则后的细部规格尺寸。

表5-5　交领右衽上襦与齐腰下裙参考性多码规格尺寸　　　　　　　　　　单位：cm

规格	衣长	通袖长	胸围	1/2袖口	裙长	腰围	摆围
XS	54	150	82	12.5	92	60	270
S	56	155	86	13	95	64	270
M	58	160	90	13.5	98	68	270
L	60	165	94	14	101	72	275
XL	62	170	98	14.5	104	76	275

（2）对襟上衣与齐胸下裙。对襟上衣的主要规格为衣长、通袖长、胸围、袖口等；齐胸下裙的主要规格为裙长、裙头宽、裙头长、裙摆围等。表5-6所示是结合服装号型标准和服装推码规则后的细部规格尺寸。

表5-6　对襟上衣与齐胸下裙参考性多码规格尺寸　　　　　　　　　　单位：cm

规格	衣长	通袖长	胸围	1/2袖口	裙长	裙头宽	摆围
XS	49	150	78	15.5	114	9	280
S	52	155	82	16	118	9	290
M	55	160	86	16.5	122	9	290
L	58	165	88	17	126	10	300
XL	61	170	92	17.5	130	10	300

（3）夹袄与马面裙。夹袄的主要规格为衣长、通袖长、胸围、袖口；马面裙的主要规格为裙长、裙头长、摆围等。表5-7所示是结合服装号型标准和服装推码规则后的夹袄与马面裙规格尺寸。

表5-7　夹袄与马面裙参考性多码规格尺寸　　　　　　　　　　单位：cm

规格	衣长	通袖长	胸围	1/2袖口	裙长	裙头长	摆围
XS	54	150	88	14.5	89	—	270

续表

规格	衣长	通袖长	胸围	1/2袖口	裙长	裙头长	摆围
S	56	155	92	15	93	—	270
M	58	160	96	15.5	97	—	270
L	60	165	100	16	101	—	275
XL	63	170	104	16.5	105	—	275

（4）褙子。褙子的主要规格为衣长、通袖长、胸围、袖口等。表5-8所示是结合服装号型标准和服装推码规则后的褙子规格尺寸。

表5-8　褙子参考性多码规格尺寸　　　　　　　　　　　　　　　单位：cm

规格	衣长	通袖长	胸围	1/2袖口
XS	80	150	86	15.5
S	83	155	90	16
M	86	160	94	16.5
L	89	165	98	17
XL	92	170	102	17.5

第二节　汉服CAD制版

汉服 CAD 制版，即计算辅助汉服制版。CAD 软件可通过使用计算机进行汉服的款式设计、结构设计及相关工艺处理的技术，配置强大的制版、推版、排料功能，融合大量的智能化工具。它采用人机交互的手段，充分利用计算机的图形学、数据库，网络的高新技术与设计师的创新能力组合来降低汉服生产成本，大大提高了汉服设计的质量与效率。在汉服生产方面，CAD 系统应用于汉服的制版、推版及排料等领域，设计师可借助 CAD 系统完成较为复杂且耗时的工作，例如版型拼接、褶裥变化等。本节以 ET（EudemonsOnLine TextEditor）服装 CAD 软件为例，重点介绍和讲解 CAD 汉服的结构制版和操作步骤。

一、汉服CAD基础

（一）CAD设计原理

纸样设计是以人体为基础的，而人体是种特殊而又复杂的形体，CAD 是属于复合形体设计范畴，是一种基于形体特征的设计。它是应用计算机技术以产品信息建立为基础，以计算机图形处理为手段，以图形数据库为核心对纸样进行定义、描述和结构设计，它的理论基础是参数化设计理论。

参数化设计理论是利用现代化计算机辅助设计手段，采取人工智能技术的现代设计方法。所谓参数化设计（Parametric Design），就是用约束纸样的一组结构尺寸序列、参数与纸样的控制尺寸存在某种对应关系，用参数来定义几何图形尺寸数值并约定尺寸关系，从而提供给设计师进行几何造型的设计模式。参数的求解较简单，参数与设计对象的控制尺寸有对应关系，设计结果的修改受到尺寸驱动。服装纸样由一系列的点或线构成，也可以看成是一系列几何元素的叠加。参数化设计的关键是对纸样各部位进行参数化，确定各部位之间的参数关系。其参数化的程度越高，对该设计的修改就越容易，设计效率就越高；参数设计及参数关系确定得越科学，纸样设计就越合理。当赋予参数不同的数值时，就可驱动原纸样变成新纸样。

（二）CAD 汉服款式设计

CAD 汉服款式设计，就是设计师利用计算机技术辅助进行构思、创意和设计。CAD 可辅助设计人员进行款式设计、花样设计、色彩调和、搭配变化等，能够快速且准确地反映设计要求。从原稿、图案的输入到正确的款式、色彩输出，应用计算机图形和图像处理技术，达到代替设计人员劳动甚至达到设计人员手工劳动不能达到的效率和效果，使设计师能够随心所欲地进行创作。

汉服款式设计在 CAD 系统中可分为两种。一种是二维汉服款式设计，通过选择系统提供的绘画工具和调色板绘制汉服图案、款式图、效果图。系统内有丰富的款式库、面料库、配饰库等。可以通过绘制、彩色扫描仪扫描、摄影机、录像机、数码相机摄入新图样来扩充图库，也可从网上下载有价值的资料来扩充图库。另一种是三维汉服款式设计，不仅具有二维款式设计的系统功能，而且款式设计系统提供的三维立体着装效果更是用手工无法完成的，大大提高了设计师的设计水平和生产的效率。

（三）CAD 汉服结构设计

汉服结构设计是汉服从立体到平面、从平面到立体转变的关键所在。汉服结构设计的目的是将设计的汉服款式效果图展开成平面图，是为缝制成完整的汉服进行的必要工作程序。汉服款式图展开成平面图可根据多种结构设计原理，如实用原型法、日式原型法、比例分配法、基样法、立体法等，要综合分析选择其中一种作为计算机实现的造型法。

汉服结构设计又称汉服 CAD 打板或汉服 CAD 制版。在制版系统中，一般包括图形的输入、图形的绘制、图形的编辑、图形的专业处理、文件的处理和图形的输出等。

1. 图形的输入

图形的输入可利用键盘、鼠标输入或利用数字化仪输入等。

2. 图形的绘制

图形的绘制就是利用 CAD 系统所提供的绘图工具，通过键盘或鼠标器进行汉服衣片的设计过程。图形的绘制功能是汉服结构设计 CAD 系统的基本功能。

3.图形的编辑

图形的编辑即图形的修改，包括图形元素的删除、复制、移动、转换、缩放、断开、长度调整和拉伸等。通过图形编辑命令，可以对已有的图形进行修改和处理，从而提高设计的速度。

4.图形的专业处理

图形的专业处理是指对特殊图形和特殊符号等进行处理，如扣眼处理、对刀标记、缝合检查和部件制作等。该项功能可以直接获得衣片样板的最终图形。

5.图形的输出

图形的输出包括使用绘图机输出和打印机输出。一般来讲，对于衣片图最终的输出应是使用绘图机按1：1的比例输出，而对于排料图则可以使用打印机按一定缩小的比例输出即可。

二、服装CAD制版系统

目前，我国服装加工企业和服装院校使用着来自国内外三十多家制造厂商的服装CAD系统，每个系统各有特点。其中，ET服装CAD制版系统以自由打版为基础，配置强大的制版、推版、排料功能融合大量的智能化工具，形成了ET服装CAD制版系统功能强大，操作灵活，人性化、智能化程度高的软件特点，使ET系统具有空前的设计适应性，能伴随设计师完成最复杂、最精密的设计。本部分重点介绍ET服装CAD制版系统，操作界面如图5-5所示。

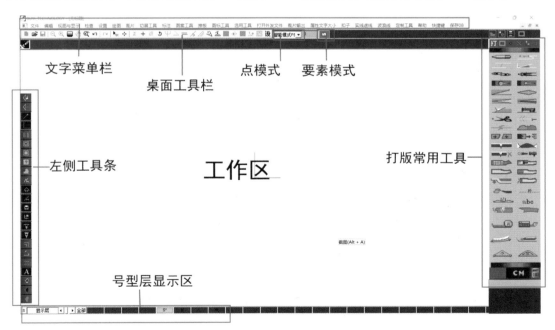

图5-5　ET服装CAD制版系统操作界面

（一）桌面工具栏

① 文件新建 ▯ 。将当前画面中的内容全部删除，创建一个新画面。

② 文件打开 ▱ 。打开一个已存在的文件。

③ 文件保存 ▯ 。保存当前文件。

④ 视图缩小 ▯ 。整个画面以屏幕中心为基准缩小。此功能只是画面显示的变化，实际图形的尺寸并没有改变。鼠标每点击一次图标，视图就缩小一次，如图5-6、图5-7所示。

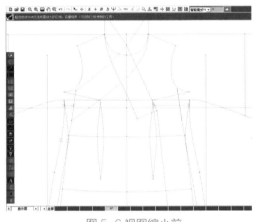

图5-6 视图缩小前　　　　　　　　　　　　　　　图5-7 视图缩小后

⑤ 区域放大 ▯ 。通过框选区域，放大画面。

⑥ 充满视图 ▯ 。将画面中所有内容完全显示在屏幕上，如图5-8所示。

图5-8　充满视图示意

⑦ 视图查询🖐。拖动鼠标，移动画面到所需位置。选择此功能后，屏幕上的光标变成"🖐"形状，即可拖动画面至所需位置。

⑧ 恢复前一画面🔍。选择此功能后，画面则在"现在"与"刚才"的两个画面之间切换。

⑨ 撤销操作↰。依次撤销前一步操作。

⑩ 恢复操作↱。在进行撤销操作后，依次重复前一步操作。

⑪ 删除🔺×。鼠标左键框选或点选要删除的要素，点击鼠标右键结束操作。

⑫ 平移✛。按指示的位置，平移选中的要素。点击鼠标左键选中要移动的要素框选，点击鼠标右键结束选择。按住鼠标左键，移动要素至所需位置松开即可。

⑬ 水平垂直补正Ⅰ。将所选图形按指定要素做水平或垂直补正。点击鼠标左键选择参与补正的要素框选，点击鼠标右键结束选择。

⑭ 水平垂直镜像✛。点击鼠标左键选择需要镜像的对象，点击鼠标右键结束选择。

⑮ 要素镜像🚫。将所选要素按指定要素做镜像。

⑯ 旋转↻。点击鼠标左键选择需要旋转的裁片，点击鼠标右键结束选择。鼠标左键指示旋转的中心点。

（二）左侧工具条

CAD制版系统操作界面左侧工具条功能如表5-9所示。

表5-9 左侧工具条功能介绍

序号	图标	功能	序号	图标	功能
1		刷新参照层	10		动态长度显示
2		显示参照层	11		弦高显示
3		显示要素端点	12		要素长度标注
4		显示坐标系	13		缝边宽度标注
5		1：1显示	14		省道要素刀口
6		线框显示	15		省尖打孔
7		填充显示	16		显示放码点
8		裁片信息	17		显示点规则
9		单片全屏	18		显示切开线

续表

序号	图标	功能	序号	图标	功能
19	 **A**	文字显示	21		隐藏缩水标记
20		隐藏缝边	22	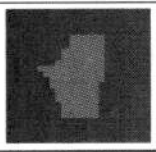	隐藏裁片

（三）制版常用工具

① 智能工具。可绘制矩形、水平线、垂直线、45°线、任意长度的直线、曲线；可修正、编辑曲线点列、（两）端修正、删除的修改操作。

② 扣眼。选择扣眼形状在指定位置生成扣眼（图5-9）。

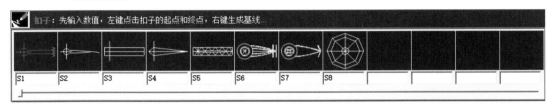

图5-9　选择扣眼示意

③ 端移动。将一个或多个端点，移动到指定的位置。

④ 双圆规。通过指示两点位置，同时做出两条指定长度的线。

⑤ 量规。通过某点到目标线上，做指定长度的线。

⑥ 形状对接。将所选的形状，按指定的两点位置对接起来。

⑦ 接角圆顺。将裁片上需要缝合的部位对接起来，并可以调整对接后曲线的形状，调整完毕，调整好的曲线自动回到原位置。

⑧ 点打断。将指定的一条线，按指定的一个点打断。

⑨ 要素属性定义。将裁片上任何一条要素，变成自定义线的属性，如图5-10所示。鼠标左键选择要素属性后框选要素，点击鼠标右键结束（第一次框选要素，是定义要素属性；再次框选要素，则变为普通要素）。

要素属性定义　　　　　　　　　　×

辅助线	对称线	全切线	必出线	不对称
虚线	不输出	半切线	优选线	普通剪切线
清除	不推板	非片线	加密线	0
曲线	充绒分割	对格线		区域剪切线
3D工艺线	3D标记线			

图5-10　要素属性定义

⑩ 刀口。输入数值或比例，在指定要素的方向生成刀口。

⑪ 修改及删除刀口 ◼◼◼✕。修改或删除已做好的刀口数值。点击鼠标左键框选刀口，在输入框填入要修改的数值或比例，点击鼠标右键结束操作。

⑫ 打孔 ◼◼◼◼◼。在输入框处输入打孔半径，鼠标左键指示打孔位置点。如需修改打孔点尺寸，则选择菜单中的服装工艺，设置打孔点尺寸，输入半径，框选打孔点，点击鼠标右键结束。

⑬ 缩水操作 ◼◼◼。输入缩水量，点击鼠标左键框选或点选所需操作的裁片，按右键确认。

⑭ 等分线 ◼◼2/1◼◼。输入等分数或高度和宽度，点击鼠标左键指示等分线起点，按 Ctrl 可以调整方向，按 A 键可以整线等分处理。

⑮ 裁片拉伸 ◼◼◼◼。一次性框选参与操作的要素，点击鼠标左键可点选多余要素，可以按 Ctrl 框选刀口，点击鼠标右键结束。

⑯ 皮尺测量 ◼◼◼◼ℝ。点击鼠标左键选择测量要素的起点端，按 F8 键可关闭皮尺显示。

三、汉服 CAD 制版案例

（一）坦领半臂 CAD 设计制版

坦领半臂尺寸表如表 5-10 所列。

表 5-10　坦领半臂尺寸表　　　　　　　　　　　单位：cm

衣长	通袖长	胸围	肩宽	横开领口宽	领缘宽	后领口深	袖肥	袖口	袖缘宽	门襟宽	下摆宽
48	80	96	48	18	6	1.5	25	46	3	1.5	52

（1）建立尺寸表。根据表 5-10 建立坦领半臂号型尺寸表，设置号型、规格项目和输入尺寸，如图 5-11 所示。

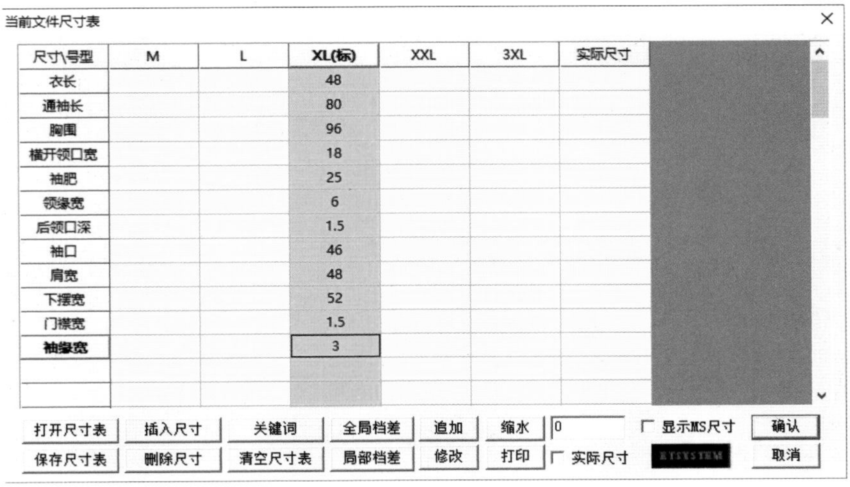

图 5-11　建立坦领半臂号型尺寸表

（2）结构制图。根据号型尺寸绘制坦领半臂结构图，如图5-12所示。

（3）样片生成。在坦领半臂结构图的基础上取出样片并放出相应缝份（指服装制作过程中，缝进去的部分），如图5-13所示。

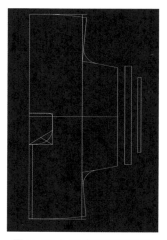

图5-12 坦领半臂结构制图

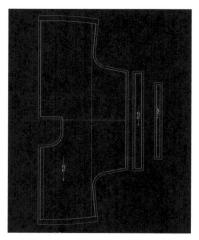

图5-13 坦领半臂样片生成

（4）排料打印。将放好缝份的样板在排料系统中排料，并打印排料图，如图5-14所示。

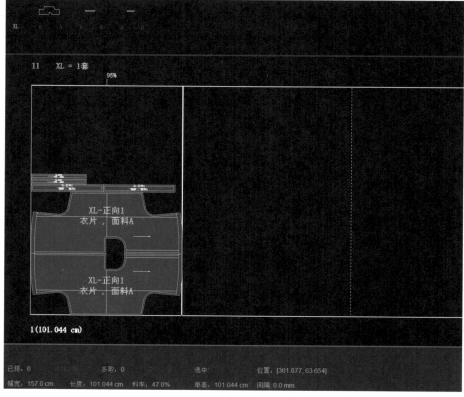

图5-14 坦领半臂排料打印

（二）交领右衽上襦 CAD 设计制版

交领右衽上襦尺寸表如表5-11所列。

表5-11　交领右衽上襦尺寸表　　　　　　　　　　　　单位：cm

衣长	通袖长	胸围	肩宽	肩线长	横开领口宽	领缘宽	后领口深	袖肥	袖缘宽	袖口	下摆宽	门襟宽	门襟高
65	160	100	80	17	15	5	1.5	20	5	30	55	18	24

（1）建立尺寸表。根据表5-11建立交领右衽上襦号型尺寸表，设置号型、规格项目和输入尺寸，如图5-15所示。

（2）结构制图。根据号型尺寸绘制交领右衽上襦结构图，如图5-16所示。

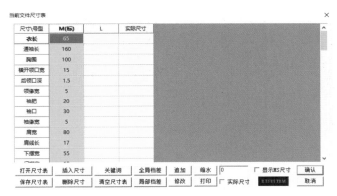

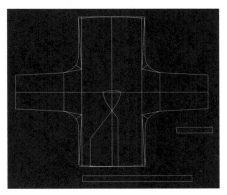

图5-15　建立交领右衽上襦号型尺寸表　　　　图5-16　交领右衽上襦结构制图

（3）样片生成。在交领右衽上襦的结构基础上取出样片并放出相应缝份，如图5-17所示。

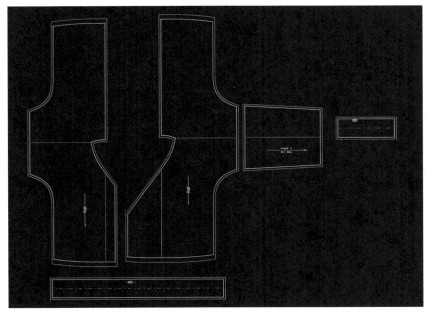

图5-17　交领右衽上襦样片生成

（4）排料打印。将放好缝份的样板在排料系统中排料，并打印排料图，如图 5-18 所示。

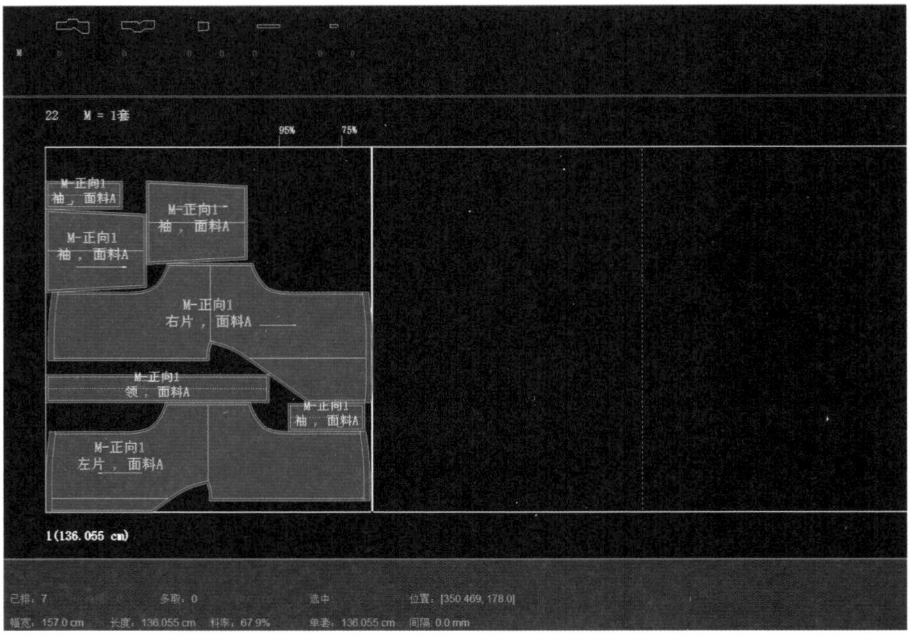

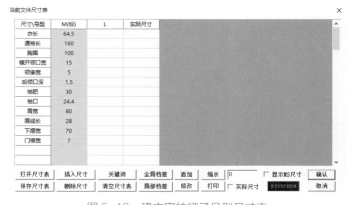

图 5-18　交领右衽上襦排料打印

（三）窄袖褙子 CAD 设计制版

窄袖褙子尺寸表如表 5-12 所列。

表 5-12　窄袖褙子尺寸表　　　　　　　　　　　　　　　　单位：cm

衣长	通袖长	胸围	肩宽	横开领口宽	领缘宽	后领口深	袖肥	袖口	下摆宽	门襟宽
64.5	160	100	80	15	5	1.5	30	24.5	70	7

（1）建立尺寸表。根据表 5-12 建立窄袖褙子号型尺寸表，设置号型规格项目和输入尺寸，如图 5-19 所示。

图 5-19　建立窄袖褙子号型尺寸表

（2）结构制图。根据号型尺寸绘制窄袖褙子结构图，如图5-20所示。

（3）样片生成。在窄袖褙子的结构基础上取出样片并放出相应缝份，如图5-21所示。

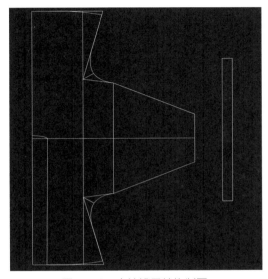

图5-20　窄袖褙子结构制图

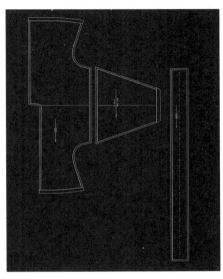

图5-21　窄袖褙子样片生成

（4）排料打印。将放好缝份的样板在排料系统中排料，并打印排料图，如图5-22所示。

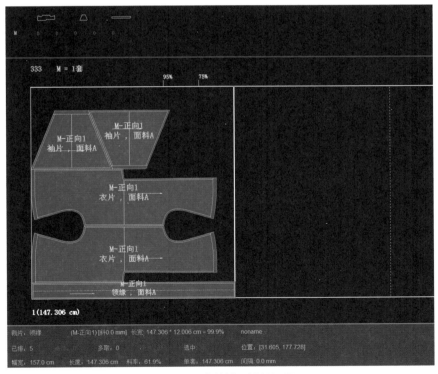

图5-22　窄袖褙子排料打印

第三节　汉服排料

汉服排料又称为汉服样板的制定、排唛架、画皮等，是指按照汉服数量配比在面料或纸张上画出生产裁剪样板。汉服排料效果的好坏对材料耗用标准、经济效益、产品质量等都有直接的关系，在汉服制作生产中是一项关键性工作。其目的是使面料的利用率达到最高，以降低生产成本，同时给铺料、裁剪等工序提供可行的依据。

一、汉服排料原则

汉服纸样排料是一项技术性较强的工作，适应生产加工的条件和要求，需牢记以下三个原则。

（一）保证面料正反一致与衣片对称

汉服多以轻薄面料为主，如真丝、天丝、雪纺、醋酸纤维等，此类面料不易分清正反面，制作要求以面料工艺正面作为汉服的表面，因此在排料时应特别注意，如果面料正反不一致，所制成的成衣会有色差，效果大打折扣。同时，汉服结构中有大部分衣片是对称的，如对襟衫的衣身、袖片等。因此，排料时需保持面料的正反面的一致性以及服装部位的对称性，以免出现"一顺"现象。

（二）保证面料丝缕和方向正确

汉服排料时，要保证面料丝缕和方向正确，注意面料表面外观特性，纱向的处理、正反面光泽度、图案与纹样的合理拼接等，避免服装外观出现差错。

在汉服制作过程中，不同特性面料的经向和纬向会表现出不同的性能。不同衣片在用料上有直料、横料、斜料之分。经向挺拔垂直、不易伸长变形，通常把衣身的长度作为经向；纬向略有伸长，通常把衣身的围度作为纬向；斜丝易变形但围成圆势时自然、丰满，因此领子通常用斜丝，曲裾下摆边缘用斜丝等，还有为了达到飘逸的效果，将斜丝作为长度裁剪，如广袖流仙裙。一般情况下，在排料时，应根据样板上标出的经纱方向，把它与布料的布边方向平行一致即可。同时，还需注意面料表面状态的特征与规律，从不同方向看面料时，会发现不同的光泽、色泽或闪光效应；有些条格面料，颜色的搭配或者条格的变化也有方向性；还有些面料的团花纹样也具有方向性。因此，对于具有方向性的面料，排料时就要特别注意衣片的方向问题，要按照设计和工艺要求，保证衣片外观的一致和对称，避免图案倒置。

（三）保证面料的利用率

汉服排料利用率的大小取决于诸多因素，如排料方式、衣片形状、尺码规格、材料种类和特征、衣片数量、排料宽度和汉服款式等，通常衣片形状越简单、套排服装越多、尺码规格越接近、材料无正反面之别、衣片数量越多、排料宽度越大，排料利用率就越高。排料效果的好坏，除了应满足汉服成衣有关技术质量要求外，排料利用率是其量化指标。

其中，布幅面积易算，但样板面积和碎布面积却不易计算，通常可以用求积法、称重法、几何法三种，求积法不方便，称重法较简单，几何法误差较大。

最优的汉服排料方案能够将面料的耗损降至最低，节约成本。提高面料的利用率可以从以下几个方面着手。

（1）先大后小。排料时先把主要的大衣片排放，再排小零衣片，应尽量穿插在大衣片之间的空隙处为佳，以减少浪费。

（2）大小搭配。当排不同规格的汉服时，可将不同规格大小的样板相互搭配，调剂摆放，使衣片间能取长补短，实现合理用料。

（3）缺口合并。当样板不能紧密套排，不可避免地出现缝隙时，可将两片样板的缺口合并，使空隙加大，在空隙中再排入其他小片样板。

（4）紧密套排。汉服样板形态各异，差异较大，其边线有直有弧、有斜有弯、有凹有凸、锐钝不等排料时应据其特征采取直对直、斜对斜、弯对弯、凹对凸或凹对凹来加大凹部范围，便于其他衣片的排放，应尽量减少衣片间的空隙。

此外，调剂平衡，采取组缝衣片之间的"借"与"还"，在保证汉服部位规格尺寸不变的情况下，只是调整衣片缝合线相对位置，以提高排版利用率；化整为零，即将某些次要部位的衣片，如内襟、接袖、夹里等，可将原整片分割成若干小片，便于排料于空隙部位，待缝制时拼装而成。

二、汉服排料基本方法

排料是汉服生产的重要部分，也是汉服纸样设计中不可缺少的一个部分。合理地进行汉服排料与算料是控制成本、降低损耗、提高利润的有效方法；反之，将造成不可弥补的经济损失。因此，掌握汉服的排料与算料的方法对于汉服生产中原材料的节约具有举足轻重的作用。汉服的排料方法有很多种，本部分主要介绍五种排料方法，包括折叠排料法、单层排料法、多层平铺排料法、紧密排料法、合理排料法。

（一）折叠排料法

折叠排料法是指将布料折叠成双层后再进行排料的一种排料方法。这种排料方法较适合个人少量制作汉服时采用，也适合汉服企业制作样衣时采用。

折叠排料法省时省料，不会出现裁片"同顺"的错误。纬向对折排料适用于除倒顺毛和有图案织物外的面料，在排料中要注意样板的丝缕与布料的丝缕相同。经向对折排料适用于除鸳鸯条、图案织物外的面料，其排料方法与纬向对折排料方法基本相同。对于两段有色差的面料，应注意避免色差影响或者选用其他方法排料。对有倒顺毛、倒顺花的衣料不能采用此法，因为会出现上层顺、下层倒的现象。

（二）单层排料法

单层排料法是指布料单层全部平展开来进行排料的一种方法。对规格、式样不一样的裁片，采用单面画样、铺料，可增加套排的可能性，保证倒顺毛和左右不对称条料不错乱颠倒。但由于是单面画样、铺料，左右两片对称部位容易产生误差。

（三）多层平铺排料法

多层平铺排料法是指将面料全部以平面展开后进行多层重叠，然后用电动裁刀剪开各衣片。该排料法适用于成衣工厂的排料。布料背对背或面对面多层平铺排料，适合于对称式汉服的排料。如遇到有倒顺毛、条格和花纹图案的面料时一定要慎重，在左右部位对称的情况下，设计倒顺毛向上或向下保持一致。有上下方向感的花纹面料排料时要设计各裁片的花纹图案统一朝上。这种排料法在汉服制作中比较常见，主要是因为汉服款式多样，面料种类也比较多，多层平铺可以更好地利用面料，提高制作效率。

（四）紧密排料法

紧密排料法的要求是，尽可能地利用最少的面料排出最多的裁片。其基本方法是：先长后短，如先排前后裙片，然后排其他较短的裁片；先大后小，如先排前后衣片、袖片，然后排较小的裁片；见缝插针，排料时要利用最佳排列原理，在各个裁片形状相吻合的情况下，利用一切可利用的面料；见空就用，在排料时如看到有较大的面料空隙时，可以通过重新排料组合，或者利用一些边料进行拼接，以最大程度地节约面料，降低汉服生产成本。

（五）合理排料法

合理排料法不仅要追求省时省料，同时还要全面分析排料布局的科学性、专业标准性和正确性。这种方法要根据汉服款式的特点，从实际情况出发，随机应变、物尽其用。一般有较严重色差的面料是不可用的，但有时色差很小或不得不用时，就要考虑如合理地排料了。在考虑充分利用面料的同时，内襟、袖缘、系带、腰头、袋布等部件的裁剪通常可采用拼接的方法。例如，领里部分可以多次拼接，门襟部分也可以拼接，但是不要拼在最上面的一粒纽扣的上部或最下面一粒纽扣的下面，否则会有损美观。在排有图案的面料时，一定要进行计算和试排料来求得正确的图案之吻合，使排料符合专业要求。按设计要求使板的丝缕与面料的丝缕保持一致。

三、汉服排料画样

汉服排料后的结果要通过画样绘制出裁剪图，以此作为裁剪工序的依据，掌握画样方法是完成排料的必要程序。

（一）画样要求

排料图是汉服裁剪工序的重要依据，因此要求画得准确、清晰。手工画样时，样板要固定不动紧贴面料或图纸，手持画样，紧靠样板轮廓连贯画样，使线迹顺直圆滑，无间断，无双轨线迹，遇有修改，要清除原迹或做出明确标记，以防误认。

画线要先把样板摆准、固定，紧贴样板画线。手势要准确，不能晃动歪斜、偏离样板，尤其要掌握好凹凸弧线、拐弯、折角、尖角等，折向部位要画准、画顺。用力要适当，用力过大容易使轻、柔、薄原料伸长，造成推刀不准；用力过轻会使线条不清或易脱落，也会给推刀带来影响。线条要窄细、清晰、准确，不能画双道线、粗线，不能断断续续、模模糊糊，以免影响推刀路线的准确性，产生线向里、向外的误差，影响裁片和零部件的规格或部件形状。

根据各种产品原料的质地和颜色选择不同的画粉，例如襦衫等衣料纱支较细，质地较薄软，颜色较浅，一般用铅笔画样；冬季袄布料较厚，色较深，可选白色铅笔或滑石片画样；毛呢料因厚重、色深纱支较粗，可选画粉画样。画样所使用颜色的选择要十分注意，既要明显、清楚、易辨，又要防止污染衣料，不宜用大红、大绿的色粉、色笔画样，以免色泛至正面。同时也要防止画错后擦不掉、洗不净，造成换片损耗。尤其忌用含有油脂的圆珠笔、画笔等极易污染衣料的画具画样。

刀位眼、钻眼等标记符号在汉服批量裁剪中，起着标明缝份窄宽、褶位大小、左右部件对称以及其他零部件位置的固定作用，有的用打眼做标记，有的不打眼用有色笔点眼做标记。所有标记符号都要求点准、打准，不能漏点、错点或多点。还必须对所画裁片的规格上下层做标记，用符号写清注明，以利于分色编号、发片，这都是不可疏忽的工作。

综上所述，汉服排料画样要求：部件齐全，排列紧凑，套排合理，丝缕正确，拼接适当，减少空隙，两端齐口。两端齐口是指布料的两个边不得留空当，既要符合质量要求，又要节约原材料。

（二）画样方法

画样的方法有纸皮画样、面料画样、漏板画样、计算机画样等。

1. 纸皮画样

汉服排料在一张与面料幅宽相同的薄纸上排好后用铅笔将每个样板的形状画在各自排定的部位便得到一张排料图。裁剪时，将这张排料图铺在面料上，沿着图上的轮廓线与面料一起裁剪，此排料图只可使用一次，采用这种方式画样比较方便。

2. 面料画样

将汉服样板直接在面料上进行排料，排好后用画笔将样板形状画在面料上，铺布时将这块画料铺在最上层，按面料上画出的样板轮廓线进行裁剪。这种画样方法节省了用纸，但遇到颜色较深的面料时，画样不如纸皮画样清晰，并且不易改动，需要对条格的面料则必须采用这种画样方式。

3.漏板画样

排料在一张与面料幅宽相等、平挺光滑、耐用不缩的纸板上进行。排好后先用铅笔画出排料图，然后按画线准确打出细密小孔，得到一张由小孔连线而成的排料图，此排料图称为漏板。将此漏板铺在面料上，用小刷子蘸上粉末，沿小孔涂刷，此粉末漏过小孔，在面料上显出样板的形状，作为开裁的依据。采用这种画样方法制成的漏板可多次使用，适合大批量汉服的生产。

4.计算机画样

将汉服样板形状输入计算机，利用计算机进行排料，排好后可由计算机控制的绘图机把结果自动绘制成排料图。计算机排料又分为自动排料和手工排料。计算机自动排料速度快，可大大节省技术人员的工作时间，提高汉服生产效率，但其缺点是材料利用率低，一般不采用。因此，在实际生产中常采用人工设计排料与计算机排料相结合的方式绘制排料图，这样既能节省时间，又能提高面料利用率。

四、汉服面料核查及管理

（一）汉服样板的核查

汉服样板的核查有以下几个方面。

（1）汉服面料样板的核查。核查面料样板时应把各个部位样板按照号型系列大小顺序叠加摆放，检查各部位样板是否齐全，特别是一些零部件的样板如衣襟的系带、领子等容易被遗忘，如发现有缺少样板现象，应及时补上。

（2）汉服里料样板的核查。按照汉服面料样板核查方法进行叠放，检查汉服衣片中需要加里料部位是否齐全，每个部件衣片样板的号型是否齐全。

（3）衬料样板的核查。核查衬料样板时应充分了解制作工艺单内容，根据工艺要求确定加衬部位，再按照上述方法进行检查。

（4）其他样板的核查。汉服样板中除面料样板、里料样板、衬料样板外，还有定位样板、填充物样板、绣花样板等，核查方法同上。

（二）汉服样板的丝缕符号线标记的核查

检查各汉服样板的丝缕符号线是否顺直，箭头表示方法是否正确，箭头所表示方向是否符合汉服衣料的性能，各种丝缕符号线如图5-23所示。

图 5-23　丝缕符号线

图 5-23（a）表示衣片可上下左右翻转摆放，排料随意性较大；

图 5-23（b）表示衣片可上下左右翻转摆放，排料随意性较大；

图 5-23（c）表示衣片不可上下翻转摆放，可左右翻转摆放，多用于倒顺毛面料中；

图 5-23（d）表示衣片可上下翻转摆放，不可左右翻转摆放，排料随意性较小。

（三）汉服样板文字标注的核查

汉服样板衣片中的文字是制版人员根据工艺单的要求对裁剪人员所做的一种说明。如"琵琶袖大袖 ×2"表示衣片左右对称摆放，"对襟长袄衣身 ×1"表示一件衣服中只摆放一片。核查衣片号型、所用面料种类、衣片数量、部位名称、样板编号等有无漏写、错写等现象。

（四）汉服面料的缩水率

在汉服实际生产中通常会遇到缩水的面料，在生产前首先应对面料进行缩水测试，算出面料的缩水率，然后在汉服样板或排料图中放出缩水量，以达到汉服生产前所设计的尺寸。各种不同的面料，其缩量的差异很大，对成品规格将产生重大影响，而且制版用的纸板本身也存在自然的潮湿和风干缩量问题。因此，在绘制裁剪纸样和工艺纸样时必须考虑缩量，通常的缩量是指缩水率和热缩率。

织物的缩水率主要取决于纤维的特性、织物的组织结构、织物的厚度、织物的后整理和缩水的方法等。由于织物的加工工艺不同，织物的缩水通常体现在经向和纬向上。一般来说，经向的缩水率比纬向的缩水率要大些，如果经向和纬向的密度相近，二者的缩水率也基本相同。排料前准确计算面料的缩水率对保证汉服成品质量至关重要。对于缩水率，国家有统一的产品质量标准规定，汉服常用面料缩水率见表 5-13 ～ 表 5-16。

表 5-13　棉织物缩水率参考　　　　　　　　　　　　　　　　单位：%

面料名称	经向缩水率	纬向缩水率
平纹布	1～1.5	1～1.5
斜纹布	2～3	1～2
纱卡	1～1.5	0.5～1
线卡	1～2	0.5～1

续表

面料名称	经向缩水率	纬向缩水率
灯芯绒	0.6～1.2	0.2～0.4
府绸	1～2	1～2
劳动布	2～3	1～2
印花(漂白)布	1～2	1～2
涤棉混纺	0.4～0.6	0.1～0.3
粗布	3～4	2～3

表5-14　毛织物缩水率参考　　　　　　　　单位：%

面料名称	经向缩水率	纬向缩水率
精纺毛呢(全毛)	0.2～0.6	0.2～0.8
粗纺毛呢(全毛)	0.4～1.2	0.3～1
涤毛混纺	0.2～0.5	0.2～0.5

表5-15　丝织物缩水率参考　　　　　　　　单位：%

面料名称	经向缩水率	纬向缩水率
富春纺	1～1.5	—
华春纺	0.5～1	0.3～0.5
留香绉	1～2	—
九霞缎	0.5～1	—
金玉缎	0.5～1	—

表5-16　化纤织物缩水率参考　　　　　　　　单位：%

面料名称	经向缩水率	纬向缩水率
美丽绸	1～1.5	0.2～0.5
尼丝纺(春亚纺)	—	—
涤纶	0.5～1.5	0.5～1

五、汉服排料示例图

（一）对襟长袄排料图

对襟长袄排料图如图5-24所示。该排料图中共一个规格，排料部件包括衣身、领底、上领、下领、大袖、挡风、系带等。

（二）交领短袄排料图

交领短袄排料图如图5-25所示。该排料图中共一个规格，排料部件包括左右衣身、大袖、领、左右襟、系带等。

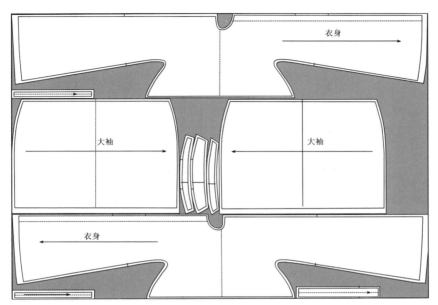

图 5-24　对襟长袄排料图（幅宽：165cm，料长：215cm）

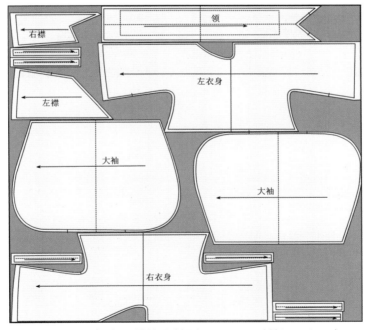

图 5-25　交领短袄排料图（幅宽：158cm，料长：170cm）

（三）上襦排料图

上襦排料图如图 5-26 所示。该排料图共三个规格：小号（S）1件，中号（M）1件，大号（L）1件，排料部件包括前后衣片、袖子与个别零部件，穿插进缝隙中，提高面料利用率。

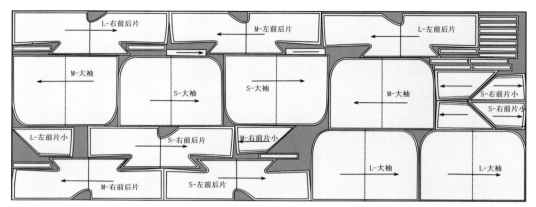

图 5-26　上襦排料图（幅宽：158cm，料长：416cm，料率：91%）

（四）大袖衫排料图

大袖衫排料图如图 5-27 所示。该排料图共三个规格：小号（S）1 件，中号（M）1 件，大号（L）1 件，排料部件包括前后衣片、袖子与个别零部件，穿插进缝隙中，提高面料利用率。

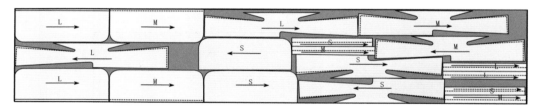

图 5-27　大袖衫排料图（幅宽：158cm，料长：836cm，料率：84.4%）

（五）琵琶袖排料图

琵琶袖的排料图如图 5-28 所示。该排料图共三个规格：小号（S）1 件，中号（M）1 件，大号（L）1 件，排料部件包括前后衣片、大袖、右襟与个别零部件，穿插进缝隙中，提高面料利用率。

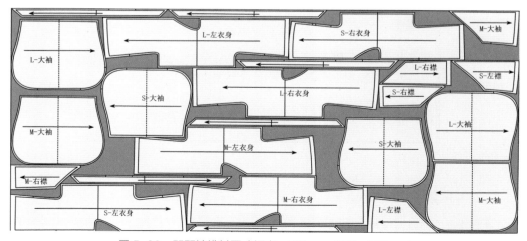

图 5-28　琵琶袖排料图（幅宽：165cm，料长：365cm）

第六章
汉服设计案例展示

汉服设计是一门涉及历史、文化、艺术和时尚等多个领域的综合性服装设计艺术。它要求设计师不仅具备扎实的服装设计基础，还需要对汉服的历史、文化内涵和审美情趣有深入的了解和研究。在设计上，汉服注重体现中庸之美，追求平衡和协调，整体和谐统一，强调以优雅为主导的审美观，注重表现人的气质和韵味，追求舒适自然、整洁流畅、不拘束、不张扬。此外，汉服设计还融入了中华民族的传统文化元素，如交领右衽、绳带系结等，体现了中华民族传统文化中"中和之美"的审美追求。

汉服设计不仅是对古代服饰文化的传承和发展，也是对现代审美观念的独特诠释和创新。通过巧妙的设计，汉服展现出了其独特的魅力和深厚的文化内涵，成为现代人们追求传统文化和时尚美学的重要载体。

第一节　魏晋时期汉服

魏晋南北朝时期的整体服饰风格，可以用"丰富多彩，南北交融"来概括。魏晋服饰虽然保留了汉代的基本形式，但在风格特征上，却有独到突出的地方特色。魏晋男子服饰有衫、裤褶、裲裆。魏晋女子服饰，上衣有衫、袄、襦、帔，下裳有裙、杂裾垂髾服、裤、蔽膝，足服有袜、丝履、斑头履等。其中，衫子穿于最内，贴身穿着，襦穿于衫子外。秦汉到魏晋时期的初期襦裙，虽衣裳已分开，但外观上还保留了一些深衣的特征，比如袖仍是祛袂，下裳宽大，裙腰高长等特征。魏晋时期整体服饰风格转向"上俭下丰"，本部分以魏晋时期流行的杂裾垂髾服和半袖襦裙为代表案例，分析魏晋时期的社会风尚和服饰审美观念。

一、杂裾垂髾服

杂裾垂髾服是在两汉时期服饰的基础上发展而来的，受到了北方游牧民族和佛教文化的影响。杂裾垂髾服的特点是将下摆裁剪成数个三角形，上宽下尖，层层相叠，因形似旌旗而被称为"髾"。同时，从围裳中伸出两条或数条飘带，这些飘带被称为"襳"。由于使用了轻柔的丝绸材料，这些飘带在女子走动时会随风飘起，如燕子轻舞，故有"华带飞髾"的美妙形容，增添了女子的动感和韵律感，如图6-1所示。在穿着时，女子需要在深衣的下摆部分接上重重叠叠的三角形装饰布，接着在腰上系上围裳，从围裳下面再伸出飘带。

（a）《列女图》

（b）《洛神赋》

图 6-1　顾恺之画作中的杂裾垂髾服

二、半袖襦裙装

（一）半袖

魏晋时期的半袖是一种特殊的服装款式，在襦裙外加穿一件类似半臂的短袖上衣成为一种社会风尚，这种上衣叫"绣襦"，多为大襟交领，袖口宽阔，装饰有缘边（图 6-2）。据历史记载和考古发现，这种半袖通常是由上襦变化而来，其衣袖长度大约到手肘位置，因此被称为"半袖"。在穿着方式上，人们通常会将半袖与长裙或长裤搭配穿着，展现出一种优雅而闲适的风貌。

图 6-2　魏晋汉服半袖平铺图

甘肃敦煌莫高窟西魏第 285 窟北璧女供养人像复原汉服（图 6-3），是敦煌服饰文化研究暨创新设计中心在深入研究敦煌壁画绘制原貌和历代服装发展史的基础上进行的复原设计。从供养人像汉服图中可以看出，女子身着的上襦为半袖，内搭宽袖女衫，下穿间色长裙，整体造型飘逸清雅而不显臃肿。

（二）襦裙

襦裙一般为女子穿着。襦裙的形制为上襦下裙式样，是典型的"上衣下裳"衣制，主要由上身穿的短衣和下身束的裙子组成。魏晋时期的襦裙，上衣称为"襦"，一般长不过膝，紧身且多为对襟，领子和袖子喜好添施彩绣，袖口或窄或宽。襦穿在衫外，襦衣长不过膝，有交领和直领不同款式，有腰襕（腰

图 6-3　敦煌莫高窟西魏第 285 窟北璧女供养人像复原汉服

襕可异色），两侧不开衩。腰间用一围裳称为"抱腰"，外束丝带。穿着时可配披帛、上面叠穿半臂，可以塞入裙里，也可外露。下裙的面料比汉代更加丰富多彩，随着佛教的兴起，莲花、忍冬等纹饰大量出现在服装上。女裙讲究材质、色泽、花纹鲜艳华丽，素白无花的裙子也受到欢迎。按裙腰高低可分为齐腰襦裙、高腰襦裙和齐胸襦裙；按领子样式则可分为交领襦裙（图 6-4）和直领襦裙（图 6-5）等。

图 6-4　交领襦裙　　　　　　　　　　　图 6-5　直领襦裙

甘肃毕家滩 26 号墓出土的紫缬襦（图 6-6）和绯碧裙（图 6-7）是极珍贵的文物，紫缬襦在修复前残存两片，分别为左右（前）衣片。从残存迹象看，这件紫缬襦应为右衽、大襟腰襦，袖口宽博。它的衣身在近腰处分为两片，上为紫缬绢，下接本色绢。在领襟与衣身相接处，还有三角形拼缝装饰，而衣身与袖连接处，也有拼缝布条。

图 6-6　毕家滩 26 号墓出土的紫缬襦　　　　图 6-7　毕家滩 26 号墓出土的绯碧裙

绯碧裙在修复前仅残存一片，含部分裙腰和裙身。裙身残长 61cm，分作三片，两片碧绢中间夹一片绯绢。绯色绢及碧绢上均可见均匀分布的两条竖褶，褶量较大。据残存迹象及尺寸推测，此裙很可能为两色、六片相间排列，穿着时围而系之，于背侧处可以略有交叠。

三、款式设计展示

魏晋时期的服装款式在继承传统的基础上进行了创新和发展，形成了独具特色的服饰文化。这些服饰不仅具有实用功能，更是人们身份地位、审美观念和文化传统的重要体现。图 6-8～图 6-17 为魏晋时期的部分典型服饰的款式分析图。

(北魏加彩陶俑,传世实物)

图 6-8　裲裆铠

(北朝陶俑,传世实物)

图 6-9　裤褶、缚裤

(北朝陶俑)

图 6-10　宽袖对襟衫、长裙

(东晋顾恺之《烈女仁智图》卷局部)

图 6-11　杂裾垂髾服 1

(东晋顾恺之《洛神赋图》局部)

图 6-12　大袖衫

(南朝墓出土画像砖)

图 6-13　杂裾垂髾服 2

(根据敦煌壁画复原绘制)

图 6-14　间色裙

(南朝墓出土画像砖)

图 6-15　大袖衫、褶裥裙

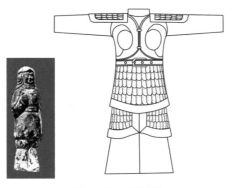

图 6-16　明光铠

图 6-17　对襟大袖襦裙

第二节　唐制汉服

　　唐制汉服是汉族服饰系统中的一种，其代表有齐胸衫裙、唐圆领袍、交领襦裙等。唐装中的妇女上衣种类一般分为襦、袄、衫三种，其中襦是一种衣身狭窄短小的夹衣或棉衣，袄长于襦而短于袍，衣身较宽松。唐制汉服承载了中华民族的染、织、绣等杰出工艺和美学，传承了 30 多项中国非物质文化遗产以及受保护的中国工艺美术，是中国"衣冠上国""礼仪之邦""锦绣中华"的体现。

一、衫裙裾子装

　　从天下初归一统的隋朝到初唐时期，女子的衣着打扮存在着巨大的南北差异。究其原因，主要是由于在隋末唐初，北方过去长期处在胡族的统治下，民风开明，女子往往走出深闺参与一些社会活动，她们的日常服装都以"夹领小袖""冠帽而著小袄"的胡服居多。窄衫长裙、披帛披肩、足蹬短靴，更便于交游、出行。南方女子则受缚于礼制，衣着继承了汉魏六朝以来褒衣宽带的风格，拖地的裙摆，并搭配足部的高台大履，衣袖宽大亦便于在炎热的天气散热透凉，甚至有"一袖之大，足断为两"的说法。

（一）衫

　　衫是唐代女性日常穿用的长袖上衣（图 6-18）。在唐代各种文献中，但凡提及日常女装，上衣多称作"衫子"或"衫"。唐代衫的领子样式比较复杂，根据出土的唐代陶俑、壁画等文物，有直领对襟、交领、圆领对襟、圆领斜襟等多种形式。同

图 6-18　唐制汉服之衫

时，唐代女性穿衫时，常常将衫的下摆束在裙内，以显示腰身和裙子的美感。

衫的样式随着年代的不同流行趋势也不同。初唐时期流行窄袖衫，诗词中就有"红衫窄裹小撷臂"等描述；中晚唐时期则流行宽袖衫。唐代衫的领口往往开得很低，尤其武周开元前后（图6-19）。

图6-19　武周、开元、中唐时的衫裙

（二）褙子

衫外常套有一件短袖或无袖短衣，其领式与衫一样也有圆领对襟、直领对襟多种，或应称为"褙子""短袖"（图6-20）。在剪裁和形态上，唐代褙子注重舒适性和自然感。它通常由长方形的布料裁剪而成，整体宽松，能够完全包裹住上身，营造出一种自在的氛围。褙子的款式也因不同场合而有所区别，如宫廷里的褙子更为华丽、富有特色，展现了唐代宫廷文化的独特魅力。

图6-20　武周前后几种无袖锦绣褙子形式

《中华古今注》和《事物纪原》中均将褙子释为"袖短"，并有"天宝年中，西川贡五色织成褙子"。可见，把唐代用华丽面料制成的女性无袖外衣称作"褙子"，是比较妥当的。

二、齐胸衫裙装

唐代贵妇最喜欢穿着的衫裙，也称"齐胸衫裙"，裙带高高地系在胸前，通常搭配薄如蝉翼的大袖礼服。这种形制，无论身材丰满还是瘦弱，都能呈现出飘逸的效果，是唐代汉服独有的雍容与飘逸中和之美。长裙也是此时服饰的装饰重心。与以往不同之处在于，此时女子将裙腰提高到胸前，裙长至拖地。为追求美，还在裙幅上常捏出细密的褶皱，使裙身随着行走具有线条的流畅感和裙幅的摆动感。在当时以体态丰腴为时尚的时代，女性穿着高腰长裙，既能显示出人体结构的曲线美，又能表现出身姿轻盈而飘逸的优美。

齐胸衫裙一般分为两种，一种是对襟齐胸衫裙，另一种是交领齐胸襦裙，一般来说对襟齐胸衫裙的使用范围更广泛一些。齐胸衫裙在唐朝仕女中非常盛行，现在保留的不少古画、出土的文物都有它的踪迹。莫高窟第9窟供养人像壁画及其复原画描绘了三位女供养人礼佛的情形（图6-21）。三位贵妇身着齐胸衫裙，对襟上衣搭配一片式裙、披帛、卷云履等，衣饰华丽，气派非凡，此画面是研究晚唐妇女衣冠服饰及发式的珍贵资料。

（a）壁画

（b）复原画

图6-21　莫高窟第9窟供养人像壁画及其复原画中的齐胸衫裙

三、款式设计展示

唐代的服装款式丰富多样，服装工艺精美，男女装束各有特色。唐代服装的款式特点可以归结为宽松自由、色彩鲜艳、注重装饰和图案设计以及勾勒曲线展示性感等方面。这些特点共同构成了唐代服饰的独特风格和魅力所在。图6-22～图6-30为唐代的部分典型服饰的款式分析图。

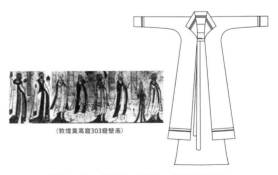
（敦煌莫高窟303窟壁画）

图6-22　短襦、长裙、翻领窄袖衫

（隋代瓷俑，传世实物）

图6-23　窄袖短襦、长裙

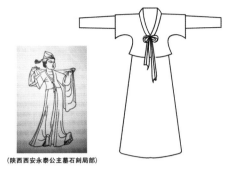

（陕西西安永泰公主墓石刻局部）

图6-24　半臂、襦裙

（陕西乾县懿德太子墓石刻局部）

图6-25　袒领大袖衫

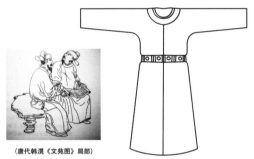

（唐代韩滉《文苑图》局部）

图6-26　圆领袍衫

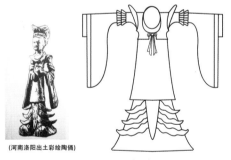

（河南洛阳出土彩绘陶俑）

图6-27　舞衣

（陕西西安出土石刻局部）

图6-28　宽领窄袖胡服、蹀躞带

（唐代三彩陶俑）

图6-29　铠甲1

（甘肃敦煌莫高窟彩塑）

图6-30　铠甲2

第三节　宋制汉服

　　宋朝是中国历史上承五代十国下启元朝的朝代，是中国历史上文人气质最盛的朝代，商品经济、文化教育、科学创新高度繁荣。宋朝一改唐朝服饰旷达华贵、恢弘大气的特点，服装颜色严肃淡雅，色调趋于单一，追求修身适体。在宋朝，由于程朱理学的影响，服饰风格开始趋向简约、内敛和含蓄，强调礼仪和规范。

一、宋裙褙子装

　　宋初女性服饰承袭了晚唐五代的样式，依旧以襦、袄、衫、裙为主，内穿圆领衫、交领衫，外面搭配广袖交领襦，束及胸裙，披帛，也有内外皆穿襦、交领大袖衫，束抹胸并系带，下穿裙的搭配。宋初女性外穿对襟大袖内搭交领衫或圆领衫的形象也较为普遍。如图6-31北宋时期佛画《水月观音》中，供养妇人服饰符

图6-31　北宋时期佛画《水月观音》中妇人服饰形制

合北宋初年的潮流样式，这三位供养人都穿着对襟广袖长衫、披帛戴梳，袖口下缘近乎垂地。这种大袖广博的服饰造型始于盛唐之时，经五代流传至宋初，当时不仅贵族妇女这么穿，侍女也会有穿着广袖的造型。

（一）褙子

　　宋代的褙子设计简洁而端庄，充分展现了宋代服饰的典雅与精致。在款式上，宋代褙子以直领对襟为主要特征，两侧腋下开衩，衣裾长短不一，既有及腰的短款，也有过膝的长款。这种设计使得褙子在保持传统汉服基本形制的同时，又增添了几分灵活与变化。在面料和色彩上，宋代褙子常用绢、缎、织锦和丝织品等轻薄柔软的面料制作，色彩以淡雅为主，如浅蓝、浅绿、浅褐等，营造出一种清新脱俗的氛围。宋代褙子通常作为外衣搭配在宋裙之外，形成层次感和整体美感（图6-32）。

图6-32　《歌乐图卷》中女性人物身穿红色窄袖褙子

（二）宋裙

宋代女性的裙装主要有百褶裙、旋裙和合欢掩裙三种样式。百褶裙，顾名思义，就是在裙子上制作很多的褶皱，从事或喜爱歌舞的女性经常穿着百褶裙来进行舞蹈表演。旋裙的样式类似于衣衫中的褙子，宋代妇女出行时穿着，其特点是前后开胯，以便乘骑。旋裙又称两片裙，形制多参考南宋黄昇墓黄褐色牡丹花罗镶花边裙，是由两片织物共享一个裙头错位相压形成的，两端有细带，裙身下摆不缝合。合欢掩裙就是宋代女性发明将裤子和裙子合穿在一起的一种裙装，之所以有这种合欢掩裙的发明，是宋代女性不愿意再受华而不实的及地长裙的束缚，逐渐释放自身的活动自由性，合欢掩裙既美观又可以达到行动自由的效果，一举两得。

宋裙褙装深受汉服爱好者的喜爱，服装颜色和图案丰富多样，常见的有花卉、云纹等，展现出宋代服饰的精致与华美。材质方面，多选用丝绸、麻纱等轻薄柔软的面料，穿着舒适且透气性好（图6-33）。

宋裙褙装在穿着时，注重整体协调与美感。女性会根据场合、季节和个人喜好选择不同款式、颜色和材质的宋裙与褙子进行搭配。这种套装不仅适用于日常穿着，也常用于各种庆典、宴会等正式场合。

图6-33　宋代对襟窄袖褙子

二、宋衫裤装

（一）大袖衫

宋代大袖衫是晚唐五代遗留下来的服饰，两个袖子宽大及膝非常具有特点，因此名为大袖衫（图6-34）。在宋代，大袖衫原先是皇帝嫔妃日常所穿的衣物款式，后来随着经济的发展和贵族女子的追捧，大袖衫逐渐在较高阶层的女子中流传开来。大袖衫在宋代被视为女子的礼服，常用于婚礼、受封等重要或特定的场合。穿着大袖衫时，女子还会配以各种精致华丽的首饰和妆容，如发饰、面饰、耳饰、颈饰和胸饰等，以增添整体的美感。

大袖衫的基本样式为对襟、宽袖，衣长通常及膝。在衣服的领部、衣襟处，常常镶有精美的花边作为装饰。此外，大袖衫的衣身后部通常还带有三角兜，用于装纳霞帔等配饰。这种设计不仅美观，还具有一定的实用性。宋代大袖衫的材质多为丝绸、麻纱等轻薄透气的面料，穿着舒适，适合各种场合。衫的颜色和图案也多种多样，常见的有素色、花卉、云纹等，展现出宋代服饰的丰富多样性。

图6-34　南宋赵伯澐墓出土圆领素罗大袖衫（中国丝绸博物馆藏）

（二）裤

宋代女裤的样式较多（图6-35），有开裆裤和合裆裤之分。其中，开裆裤通常被称为"袴"，合裆裤被称为"裈"。这两种裤子在宋代女性的日常生活中都有广泛的应用。开裆裤由于其特殊的结构，通常作为内衣穿着，外面再套上合裆裤或者裙装。合裆裤可以直接外穿，搭配各种上衣和外套。在材质上，宋代女裤多采用丝绸、麻纱等轻薄透气的面料制成，穿着舒适且便于行动。在色彩和图案上，宋代女裤也极为讲究，常见的颜色有红色、绿色、蓝色等，图案则以花卉、云纹等吉祥图案为主。

当代宋制汉服中流行的宋裤主要有两类：一类形制参考了南宋黄昇墓出土的黄褐色牡丹纹罗左右两侧中缝开裆裤，腰头有两条细带，裤子外侧两边开衩（图6-36）；另一类参考赵伯澐墓缠枝葡萄纹绫开裆夹裤，腰头也有细带，裆部不缝合，且在裤腿内侧剪一角沿边缝合。开裆裤在宋代一般作为外裤穿着，内穿合裆裤，但由于当代宋制汉服上衣较长，基本不漏裆部，所以对内层的合裆裤复原较少，大多直接用现代裤代替，但最外部的开裆裤形制依然保留。

图6-35　宋制汉服之裤

图6-36　南宋黄昇墓出土的黄褐色
牡丹纹罗左右两侧中缝开裆裤

三、款式设计展示

相较于唐代服装的开放与多元，宋代服装款式更为保守、简约。这一时期的服饰多以简洁的线条和轮廓为主，不追求过度的装饰和华丽。尽管宋代服装整体以简约为主，但在细节和装饰上仍十分讲究。如在衣领、袖口、裙摆等部位，常采用刺绣、印花等工艺进行装饰，使服饰更加精美。图6-37~图6-43为宋代部分典型服饰的款式分析图。

（山西太原晋祠圣母殿彩塑之一）

图6-37 襦裙、大襟半臂、披帛

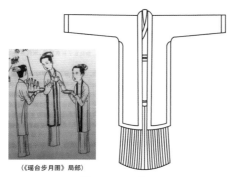

（《瑶台步月图》局部）

图6-38 褙子

（河南焦作出土陶俑）

图6-39 辫线袄

（根据敦煌壁画元代供养人服饰复原绘制）

图6-40 交领织金锦袍

（敦煌莫高窟彩绘）

图6-41 铠甲

（敦煌莫高窟壁画）

图6-42 大翻领窄袖衫

（戴龙凤珠翠冠、穿袆衣的皇后）

图6-43 袆衣

第四节　明制汉服

明制汉服在继承前代汉服的基础上，又有所创新和发展。其中，男子服饰以道袍、直身、曳撒、飞鱼服、贴里等为主流，这些服饰都具有明朝独特的时代特征；女子服饰则更加多样，包括襦裙、袄裙、半臂、比甲、披风、大袖衫等。其中，襦裙和袄裙是明朝女子常穿的两种服饰。

一、袄裙装

袄裙是中国传统服饰当中少有的延续近千年、一直连绵至今的服装，是现今汉族和众多少数民族共有的中式服装。袄裙这一服饰组合可追溯至春秋战国之际，唐宋元各代均有基于时代背景的独特发展。至明代，袄裙已成为女子日常穿着的重要组成部分。在袄裙延续千年的历史里，从元末明初的"交领短袄＋裙"到明末清初的"立领长袄＋裙"，再到清末民国初的"十八镶滚短袄＋裙"，到民国末新中国初西化严重的袄裙，款式变化极大。

（一）袄

袄是有内里的一种上衣，款式主要分为两种：一种是过膝长袄，长度过膝至小腿，覆盖大部分的身体部位，在古代属于端庄、优雅的风格，一般在正式场合穿着（图6-44）；另一种是到腰间的短袄，长度一般在膝盖以上，会显得腿长，整体看起来更加利落和干练。袄的领子以圆领、立领和交领等较为常见，圆领在明朝初期较为常见，到了明朝中期，随着服饰的发展演变，以立领斜襟最为流行。

图6-44　明代妇人像

（二）马面裙

明制马面裙，作为中国古代女子传统服饰中的重要款式，其特点鲜明且富有韵味（图6-45、图6-46）。它采用两片式设计，前后共有四个裙门，两两重合，形成了独特的"马面"

图6-45　马面裙款式一

图6-46　马面裙款式二

结构，这种设计不仅美观，还增加了裙子的活动空间，使得穿着者行动自如。马面裙的侧面打褶，增加了裙身的层次感，同时也使得裙子更加贴合身形，展现了女性的优雅身姿。此外，马面裙的裙腰多用白色布，寓意白头偕老，寄托了人们对美好生活的祝愿。裙摆部分，则常饰以精美的刺绣和织锦，如牡丹、莲花等吉祥图案，寓意富贵、纯洁，体现了明代服饰文化的繁荣与精湛工艺。

二、道袍装

道袍是明代汉人男子居家时的外衣，也可以作为衬袍或平民男子婚服。道袍直领大襟、两侧开衩、接有暗摆、以系带系结，领口常会缀上白色或素色护领。大袖或直袖收祛。穿着时可配丝绦、布制细腰带或大带。

道袍在明代中后期非常流行。上至皇帝、下至士庶，穿着用途外作外衣、内作衬袍，可谓人手必备、缺之不可。《云间据目抄》中说："春元必穿大红履。儒童年少者，必穿浅红道袍。上海生员，冬必服绒道袍，暑必用鬃巾绿伞。"《初刻拍案惊奇》里也有描写："头戴一顶前一片后一片的竹简巾儿，旁缝一对左一块右一块的蜜蜡金儿，身上穿一件细领大袖青绒道袍儿，脚下着一双低跟浅面红绫僧鞋儿。"从这些记载可以看出，道袍不但普遍流行，而且色彩艳丽，丝毫不逊于现在男子的装扮。

山东博物馆藏的明代茶色织金蟒妆花纱道袍（图6-47），直领，大襟右衽，宽袖。领部加白绸护领。主面料是在二经绞地子上以平纹组织显花，纹样为四合如意云纹、杂宝纹等。此件道袍采用云肩袖襕和膝襕的装饰手法，云肩处织饰四条飞舞的金蟒、海水江崖纹及云纹、杂宝纹等，袖襕和膝襕处则织饰行蟒。

图 6-47　明代茶色织金蟒妆花纱道袍

三、款式设计展示

　　明代服饰融入了多种文化元素，如道家文化、佛教文化等。这些文化元素在服饰的款式、图案和色彩等方面都有所体现，使得明代服饰具有更加深厚的文化内涵。图 6-48～图 6-57 为明代的部分典型服饰的款式分析图。

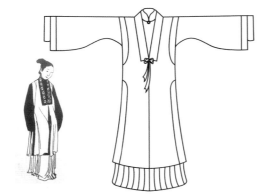

(选自《燕寝怡情》图册)

图 6-48　比甲、宽袖衫、裙

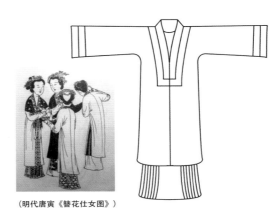

（明代唐寅《簪花仕女图》）

图 6-49　明代褙子

（选自《中国古代妇女服饰》）

图 6-50　水田衣

（明代仇英《汉宫春晓图》局部）

图 6-51　襦裙、围裳、披帛

（明代文一品官补服）

图 6-52　补服

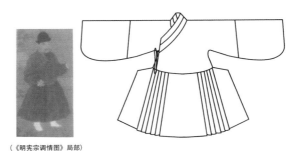

（《明宪宗调情图》局部）

图 6-53　曳撒

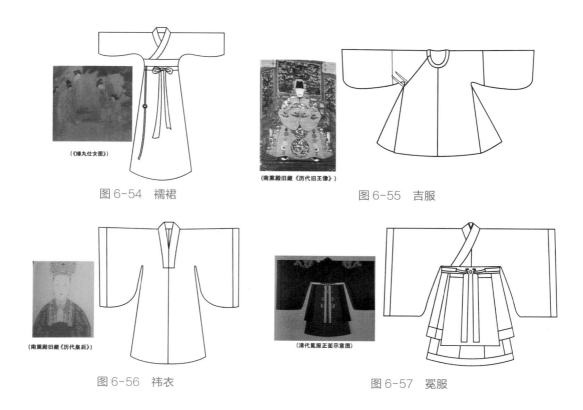

图 6-54　襦裙

图 6-55　吉服

图 6-56　袆衣

图 6-57　冕服

第五节　汉服创新设计案例

汉服创新设计是对传统汉服文化的现代化诠释与重塑，旨在结合现代审美和穿着需求，为汉服注入新的活力和时代感。汉服创新设计是一个综合性的过程，设计师要注重将传统文化元素与现代设计手法相结合，使创新汉服既具有传统韵味，又符合现代审美需求。

对于汉服的创新设计要求设计师深入研究传统汉服的文化内涵和审美特点，理解其背后的历史和文化价值。这包括对汉服款式、色彩、图案、面料和工艺等方面的深入了解，为创新设计提供丰富的灵感来源。其次，设计师要结合现代审美和穿着需求，对传统汉服进行改良和创新，这涉及对汉服款式的重新设计，如采用现代剪裁手法，使汉服更加贴合现代人的身形和穿着习惯；或者对汉服色彩和图案进行创新，引入现代流行元素，使汉服更具时尚感。同时，对面料和工艺的选择也是创新设计中非常重要的一环。设计师可以尝试采用新型面料，如具有特殊功能的面料，以提升汉服的实用性和舒适度。在工艺方面，也可以引入现代技术，如数码印花、激光切割等，提高制作效率和精度。

一、"当卢如故"系列汉服创新设计案例

"当卢如故"系列设计灵感源于江西南昌汉代海昏侯墓出土的错金青铜当卢。其装饰的龙

纹、凤鸟纹、虎纹等纹样既摆脱了殷商的肃穆凌厉之感，又破除了周代的紧密几何之式，转变成一种夸张与写实相结合的风貌，散发出强烈的神话气息，充满浪漫主义精神，充分体现了楚汉艺术的审美，呈现出集韵律、气质、浪漫于一体的特点。"当卢如故"系列从海昏侯错金青铜当卢中提取纹样、色彩等西汉元素进行创新设计，同时结合现代审美，将其融入华服庄重含蓄且新潮的概念（图6-58~图6-62）。

图6-58 "当卢如故"系列流行趋势（作者：李慧慧）

图6-59 "当卢如故"系列效果图（作者：李慧慧）

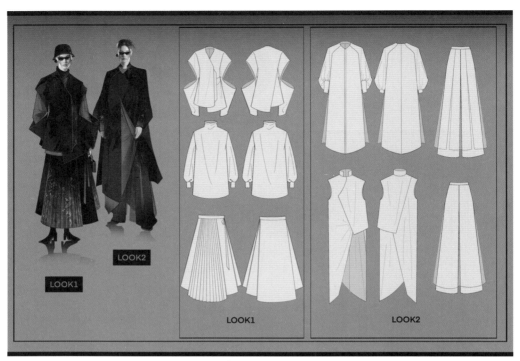

图 6-60 "当卢如故"系列款式图 1（作者：李慧慧）

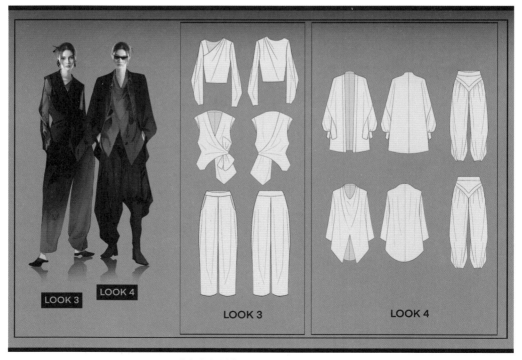

图 6-61 "当卢如故"系列款式图 2（作者：李慧慧）

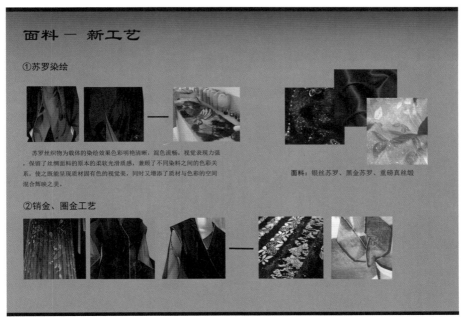

图6-62 "当卢如故"系列面料工艺图（作者：李慧慧）

二、"至本"系列汉服创新设计案例

"至本"系列设计以棉麻面料为主加以欧根纱等面料，塑造廓形的同时营造飘逸灵动之感。采用黑、白色系打造整体基调的同时加入橘黄色，打破沉闷，同时橘黄色在中国古代中使用度也极高。服装细节方面采用中国传统纳缝、刺绣工艺与现代印花相结合的方式，将传统图案以不同的形式展现在服装之上，增加层次感展现传统服饰之美。款式方面以传统服饰细节设计融入于当代时尚廓形，在展现传统文化的同时不失设计感（图6-63、图6-64）。

图6-63 "至本"系列效果图（作者：岳满）

图 6-64 "至本"系列款式图及面料说明（作者：岳满）

三、"畲韵衣衿"系列汉服创新设计案例

凤凰图案在中国传统服饰设计中的运用广泛而深入，它不仅是美的象征，更是文化的传承和表达。凤凰图案在中国传统服饰设计中的运用不仅展示了其美的价值，更承载了深厚的文化内涵和历史意义。它既是传统文化的传承和表达，也是现代设计师们创新灵感的来源。"畲韵衣衿"系列设计将凤凰元素与现代流行的汉服元素相结合，创造出既具有传统韵味又符合现代审美需求的服饰（图 6-65 ~ 图 6-67）。

图 6-65 "畲韵衣衿"系列图案元素提取（作者：莫洁诗）

图 6-66　"畲韵衣衿"系列效果图（作者：莫洁诗）

图 6-67　"畲韵衣衿"系列面料说明（作者：莫洁诗）

参考文献

[1] 刘元风. 服装设计 [M]. 长春：吉林美术出版社，1996.

[2] 李当岐. 服装学概论 [M]. 北京：高等教育出版社，1990.

[3] 李正. 服装结构设计教程 [M]. 上海：上海科技出版社，2002.

[4] 张竞琼，蔡毅. 中外服装史对览 [M]. 上海：中国纺织大学出版社，2000.

[5] 周锡保. 中国古代服饰史 [M]. 北京：中国戏剧出版社，1984.

[6] 蒋玉秋. 汉服 [M]. 青岛：青岛出版社，2007.

[7] 杨娜，张梦玥，刘荷花. 汉服通论 [M]. 北京：中国纺织出版社，2021.

[8] 刘咏梅，冀子辉. 当代汉服款式与结构 [M]. 上海：东华大学出版社，2021.

[9] 李祖旺，金玉顺，金贞顺. 服装设计学概论 [M]. 北京：中国轻工业出版社，2002.

[10] 刘国联. 服装厂技术管理 [M]. 北京：中国纺织出版社，1999.

[11] 蒲元明，刘长久. 世界历代民族服饰 [M]. 成都：四川民族出版社，1988.

[12] 吴卫刚. 服装美学 [M]. 北京：中国纺织出版社，2000.

[13] 李超德. 设计美学 [M]. 合肥：安徽美术出版社，2004.

[14] 徐青青. 服装设计构成 [M]. 北京：中国轻工业出版社，2001.

[15] 弗龙格. 穿着的艺术——服饰心理揭秘 [M]. 陈孝大，译. 南宁：广西人民出版社，1989.

[16] 张灏胡. 汉服审美 [M]. 天津：天津大学出版社，2013.

[17] 华梅. 西方服装史 [M]. 北京：中国纺织出版社，2003.

[18] 郑巨欣. 世界服装史 [M]. 杭州：浙江摄影出版社，2000.

[19] 周圆. 汉服时代现代汉服穿搭 [M]. 北京：经济日报出版社，2022.

[20] 郑健，等. 服装设计学 [M]. 北京：中国纺织出版社，1993.

[21] 安德鲁·路米斯. 人体素描 [M]. 刘发全，译. 沈阳：辽宁美术出版社，1980.

[22] 包昌法. 服装学概论 [M]. 北京：中国纺织出版社，1998.

[23] 宋绍华，孙杰. 服装概论 [M]. 北京：中国纺织出版社，1991.

[24] 李莉婷. 服装色彩设计 [M]. 北京：中国纺织出版社，2000.

[25] 张星. 服装流行与设计 [M]. 北京：中国纺织出版社，2000.

[26] 黄国松. 色彩设计学 [M]. 北京：中国纺织出版社，2001.

[27] 袁仄. 服装设计学 [M]. 北京：中国纺织出版社，1993.

[28] 庞小涟. 服装材料 [M]. 北京：高等教育出版社，1989.

[29] 张德兴. 美学探索 [M]. 上海：上海大学出版社，2002.

[30] 周汛，等. 中国历代服饰 [M]. 上海：学林出版社，1984.

[31] 戴逸，龚书锋. 中国通史 [M]. 郑州：海燕出版社，2002.